水产养殖业绿色发展技术丛书

大口黑鲈
绿色高效养殖
技术与实例

农业农村部渔业渔政管理局　组编
李胜杰　主编

DAKOUHEILU
LÜSE GAOXIAO YANGZHI
JISHU YU SHILI

中国农业出版社
北 京

图书在版编目（CIP）数据

大口黑鲈绿色高效养殖技术与实例／农业农村部渔业渔政管理局组编；李胜杰主编．—北京：中国农业出版社，2023.5

（水产养殖业绿色发展技术丛书）

ISBN 978-7-109-30671-4

Ⅰ.①大… Ⅱ.①农… ②李… Ⅲ.①鲈形目—鱼类养殖—无污染技术 Ⅳ.①S96

中国国家版本馆 CIP 数据核字（2023）第 077028 号

中国农业出版社出版

地址：北京市朝阳区麦子店街 18 号楼

邮编：100125

责任编辑：王金环　　文字编辑：耿韶磊

版式设计：王　晨　责任校对：周丽芳

印刷：北京通州皇家印刷厂

版次：2023 年 5 月第 1 版

印次：2023 年 5 月北京第 1 次印刷

发行：新华书店北京发行所

开本：880mm×1230mm　1/32

印张：5.25　插页：6

字数：156 千字

定价：48.00 元

丛书编委会

本书编委会

主　编　李胜杰

副主编　杜金星　董传举

参　编　白俊杰　王　力　王健华　宋红梅

　　　　周志金　杨　淞　王丁旺　陆　健

　　　　谭爱萍　胡宗云　党子乔　雷彩霞

　　　　韩林强　王建勇　周春龙　梁健辉

丛书序

2019年，经国务院批准，农业农村部等10部委联合印发了《关于加快推进水产养殖业绿色发展的若干意见》（以下简称《意见》），围绕加强科学布局、转变养殖方式、改善养殖环境、强化生产监管、拓宽发展空间、加强政策支持及落实保障措施等方面作出全面部署，对水产养殖业转型升级具有重大意义。

随着人们生活水平的提高，目前我国渔业的主要矛盾已经转化为人民对优质水产品和优美水域生态环境的需求，与水产品供给结构性矛盾突出与渔业对资源环境的过度利用之间的矛盾。在这种形势背景下，树立"大粮食观"，贯彻落实《意见》，坚持质量优先、市场导向、创新驱动、以法治渔四大原则，走绿色发展道路，是我国迈进水产养殖强国之列的必然选择。

"绿水青山就是金山银山"，向绿色发展前进，要靠技术转型与升级。为贯彻落实《意见》，推行生态健康绿色养殖，尤其针对养殖规模大、覆盖面广、产量产值高、综合效益好、市场前景广阔的水产养殖品种，率先开展绿色养殖技术推广，使水产养殖绿色发展理念深入人心，农业农村部渔业渔政管理局与中国农业出版社共同组织策划，组建了由院士领衔的高水平编委会，依托国家现代农业产业技术体系、全国水产技术推广总站、中国水产学会等组织和单位，遴选重要的水产养殖品种，邀请产业上下游的高校、科研院所、推广机构以及企业的相关专家和技术人员编写了这套"水产养殖业绿色发展技术丛书"，宣传推广绿色养殖技术与模式，以促进渔业转型升级，保障重要水产品有效供给和促进渔民持续增收。

这套丛书基本涵盖了当前国家水产养殖主导品种和主推技术，围绕《意见》精神，着重介绍养殖品种相关的节能减排、集约高效、立体生态、种养结合、盐碱水域资源开发利用、深远海养殖等绿色养殖技术。丛书具有四大特色：

突出实用技术，倡导绿色理念。丛书的撰写以"技术＋模式＋案例"的主线，技术嵌入模式，模式改良技术，颠覆传统粗放、简陋的养殖方式，介绍实用易学、可操作性强、低碳环保的养殖技术，倡导水产养殖绿色发展理念。

图文并茂，融合多媒体出版。在内容表现形式和手法上全面创新，在语言通俗易懂、深入浅出的基础上，通过"插视"和"插图"立体、直观地展示关键技术和环节，将丰富的图片、文档、视频、音频等融合到书中，读者可通过手机扫二维码观看视频，轻松学技术、长知识。

品种齐全，适用面广。丛书遴选的养殖品种养殖规模大、覆盖范围广，涵盖国家主推的海、淡水主要养殖品种，涉及稻渔综合种养、盐碱地渔农综合利用、池塘工程化养殖、工厂化循环水养殖、鱼菜共生、尾水处理、深远海网箱养殖、集装箱养鱼等多种国家主推的绿色模式和技术，适用面广。

以案说法，产销兼顾。丛书不但介绍了绿色养殖实用技术，还通过案例总结全国各地先进的管理和营销经验，为养殖者通过绿色养殖和科学经营实现致富增收提供参考借鉴。

本套丛书在编写上注重理念与技术结合、模式与案例并举，力求从理念到行动、从基础到应用、从技术原理到实施案例、从方法手段到实施效果，以深入浅出、通俗易懂、图文并茂的方式系统展开介绍，使"绿色发展"理念深入人心、成为共识。丛书不仅可以作为一线渔民养殖指导手册，还可作为渔技员、水产技术员等培训用书。

希望这套丛书出版能够为我国水产养殖业的绿色发展作出积极贡献！

农业农村部渔业渔政管理局局长：

2021 年 11 月

前　言　FOREWORD

　　大口黑鲈（*Micropterus salmoides*），俗名加州鲈，原产于北美洲，属广温性鱼类，在2～34℃的水温和0～15的盐度范围内均可存活。从20世纪70年代开始大口黑鲈被引到世界各地作为游钓品种或水产养殖品种。20世纪70年代末，我国台湾引入大口黑鲈，并于1983年人工繁殖获得成功。同年，广东省从台湾引入大口黑鲈。大口黑鲈具有适应性强、生长快、易起捕和养殖周期短等优点，加之肉质鲜美细嫩，无肌间刺，外形美观，市场售价适中，深受养殖者和消费者喜爱，是我国名副其实的"百姓鱼"。经过近40年的发展，除西藏外，全国各省份都有大口黑鲈养殖。其中，广东、江苏、浙江和四川是大口黑鲈的主要养殖区域，河南、湖南、湖北和天津等地是近年来大口黑鲈新兴养殖区域。大口黑鲈养殖规模在逐年扩大，在我国淡水渔业结构调整和转型升级发展过程中发挥着引领作用。2019年，全国大口黑鲈年产量达到47.8万吨，成为我国主导的淡水养殖经济品种之一。大口黑鲈良种培育、种苗生产、成鱼养殖、营养饲料、活鱼物流、产品初加工等全产业链条各环节得到完善，发展前景极为广阔，形成了"全国性消费、全国性流通、全国性养殖"的发展格局。近年来，大口黑鲈被业界普遍看好，并被称作我国"第五大家鱼"。

全书共分五章，第一章大口黑鲈养殖概述和市场前景；第二章大口黑鲈生物学特性；第三章大口黑鲈绿色高效养殖技术；第四章大口黑鲈养殖实例；第五章大口黑鲈的上市、活鱼流通和加工。本书内容主要来源于生产实践，同时配以大量图片和视频，使读者更容易理解和掌握，可供水产相关从业人员参考。

由于编者的知识积累和水平有限，错漏之处在所难免，敬请广大读者批评指正。

编　者

2022 年 5 月

目 录 CONTENTS

丛书序
前言

第一章 大口黑鲈养殖概述和市场前景 1

第一节 大口黑鲈概述 ································· 1
一、大口黑鲈的营养价值 ························· 2
二、大口黑鲈的美食价值 ························· 2
三、大口黑鲈的经济价值 ························· 4
第二节 大口黑鲈养殖生产发展历程 ················· 5
第三节 大口黑鲈养殖现状和市场前景 ··············· 7
一、大口黑鲈养殖产业现状 ······················· 7
二、大口黑鲈养殖产业存在的主要问题 ··········· 10
三、对策建议 ································· 13

第二章 大口黑鲈生物学特性 16

第一节 形态与分布 ····························· 16
一、大口黑鲈的形态结构 ························· 16
二、大口黑鲈的自然分布 ························· 18
第二节 生长与生活习性 ························· 19
一、年龄与生长 ······························· 19
二、食性 ··································· 19

1

　三、生活习性 ……………………………………… 19

第三节　繁殖特性 …………………………………… 20

第四节　大口黑鲈"优鲈1号"简介 ……………… 21

　一、大口黑鲈"优鲈1号"培育过程 …………… 21

　二、品种特性 ……………………………………… 22

　三、产量表现 ……………………………………… 23

　四、养殖技术 ……………………………………… 23

第五节　大口黑鲈"优鲈3号"简介 ……………… 24

　一、大口黑鲈"优鲈3号"培育过程 …………… 25

　二、品种特性 ……………………………………… 27

　三、产量表现 ……………………………………… 27

　四、养殖模式与养殖技术要点 …………………… 28

第三章　大口黑鲈绿色高效养殖技术 30

第一节　苗种繁殖技术 ……………………………… 30

　一、亲鱼选择 ……………………………………… 30

　二、亲鱼培育 ……………………………………… 30

　三、人工催产 ……………………………………… 31

　四、鱼苗孵化 ……………………………………… 32

　五、大口黑鲈反季节繁殖技术 …………………… 38

第二节　池塘育苗技术 ……………………………… 39

　一、池塘条件 ……………………………………… 40

　二、放苗前准备 …………………………………… 40

　三、放苗密度 ……………………………………… 43

　四、鱼苗下塘 ……………………………………… 43

　五、鱼苗驯化 ……………………………………… 44

　六、过筛分级 ……………………………………… 47

　七、日常管理 ……………………………………… 47

第三节　室内车间育苗技术 ………………………… 48

一、蓄水塘中水的处理 …………………………………… 48

二、放苗前的车间准备工作 ……………………………… 49

三、放水花 …………………………………………………… 50

四、鱼苗开口阶段 …………………………………………… 50

五、驯化摄食配合饲料 …………………………………… 51

六、日常管理 ………………………………………………… 52

七、鱼苗出池销售 ………………………………………… 52

八、车间常见病害防治 …………………………………… 54

第四节　工厂化循环水养殖技术 ………………………… 54

一、工厂化循环水养殖系统 ……………………………… 56

二、工厂化循环水车间育苗与传统土塘育苗比较 …… 57

三、主要技术环节 ………………………………………… 60

第五节　大口黑鲈成鱼养殖技术 ………………………… 60

一、池塘精养 ……………………………………………… 60

二、池塘混养 ……………………………………………… 62

三、网箱养殖 ……………………………………………… 63

四、病害防治 ……………………………………………… 65

第六节　大口黑鲈绿色高效养殖模式 …………………… 76

一、佛山地区大口黑鲈池塘精养模式 ………………… 76

二、苏州地区大口黑鲈池塘养殖模式 ………………… 78

三、"168"生态循环绿色高效养殖模式 ……………… 79

四、大口黑鲈与河蟹混养"三一模式" ……………… 92

五、大口黑鲈与黄颡鱼混养模式 ……………………… 95

六、大口黑鲈高位池塘循环水养殖模式 ……………… 96

七、池塘内循环流水养殖模式 ………………………… 101

八、湖泊大口黑鲈网箱养殖模式 ……………………… 107

第四章　大口黑鲈养殖实例 109

一、佛山市池塘高产高效养殖模式实例 ……………… 109

二、苏州市大口黑鲈"优鲈1号"池塘养殖模式 ………… 111

三、湖南大口黑鲈池塘养殖模式 ……………………… 112

四、浙江省大口黑鲈池塘养殖模式 …………………… 113

五、河南大口黑鲈池塘高产高效养殖模式 …………… 117

六、"168"生态循环绿色高效养殖模式 ……………… 118

七、大口黑鲈"优鲈3号"和河蟹混养"三一"模式 …… 127

八、大口黑鲈和黄颡鱼混养模式 ……………………… 130

九、大口黑鲈和罗非鱼混养模式 ……………………… 132

十、大口黑鲈高水位池塘循环水养殖模式 …………… 132

十一、池塘内循环流水养殖模式 ……………………… 134

十二、大口黑鲈网箱养殖实例 ………………………… 138

十三、池塘大口黑鲈大规格苗种培育技术 …………… 141

第五章　大口黑鲈的上市、活鱼流通和加工 142

第一节　捕捞上市 ……………………………………… 142

一、捕捞 ………………………………………………… 142

二、鲜活鱼暂养和运输 ………………………………… 143

三、鲜活大口黑鲈的消费市场 ………………………… 147

四、均衡上市 …………………………………………… 148

第二节　大口黑鲈的加工 ……………………………… 149

一、加工产品 …………………………………………… 149

二、产品品牌经营实例 ………………………………… 152

参考文献 ………………………………………………… 154

第一章
大口黑鲈养殖概述和市场前景

第一节 大口黑鲈概述

大口黑鲈俗称加州鲈，在鱼类分类学上隶属于鲈形目、太阳鱼科、黑鲈属，原产于北美洲，是世界上重要的经济鱼类。拉塞佩德在 1802 年首次描述该鱼，命名为 *Labrus salmoides*。1876 年，尼尔森将该鱼描述为 *Micropterus nigricans*。1878 年，约旦将其描述为 *Micropterus pallidus*。最终在 1884 年，《福布斯》将这条鱼描述为大口黑鲈（*Micropterus salmoides*）（https：//www. floridamuseum. ufl. edu/discover-fish/species-profiles/micropterus-salmoides/），即目前有效的科学命名。大口黑鲈在被钩住后反应强烈，会在空中大幅度挣扎且具有攻击性，它的这一特性让大部分竞技比赛都以此鱼来检验钓者技术。因此，大口黑鲈又称为竞技比赛的王者鱼，并最早作为 FLW（Forrest L. Wood）世界户外钓鱼大赛的主要目标鱼。20世纪 70 年代末，大口黑鲈从美国引入我国台湾地区养殖，并在 1983年人工繁殖成功，同年从台湾地区引入广东省。其具有适应性强、生长快、易起捕、养殖周期短、适温较广等优点，因此被推广到全国各地，总年产量超过 40 万吨，现已成为我国重要的淡水养殖品种之一。目前，我国养殖的大口黑鲈由野生种驯化而成，其体呈纺锤形，侧扁，头部中大。体色呈灰青色，背侧为深灰色，腹面灰白色，从尾端到尾鳍基部有排列成带状的黑斑。大口黑鲈在北美洲分布有北方亚种（*Micropterus salmoides salmoides*）和佛罗里达亚种

（*Micropterus salmoides floridanus*）。而我国养殖的大口黑鲈，无论形态学还是微卫星分子标记研究，均已证实属于大口黑鲈北方亚种。

一、大口黑鲈的营养价值

随着人们生活水平的不断提高，四大家鱼已不能满足大众对于美食的需求，大口黑鲈也逐渐登上百姓的餐桌。大口黑鲈肉质洁白肥嫩，无肌间刺，味道鲜美，且富含蛋白质和维生素，深受消费者的喜爱。鱼类肌肉的营养成分备受关注。有研究发现，大口黑鲈的肌肉营养成分含量明显高于黄颡鱼、鲶、草鱼、鲢、鲤、鲫、鳙和团头鲂等 8 种鱼类。在不饱和脂肪酸中，最重要的是 EPA（eicosapentaenoic acid）和 DHA（docosahexaenoic acid），其对大脑发育和记忆力的改善有重要作用。而大口黑鲈肌肉中人体必需氨基酸含量占总量的 44％以上，高于草鱼、青鱼、团头鲂和鲤的含量。有研究比较了 3 种饲养方式的大口黑鲈（人工饲料组、杂鱼组、野生组），结果发现，3 种饲养方式的大口黑鲈的第一限制氨基酸为蛋氨酸＋胱氨酸，第二限制氨基酸为苏氨酸和缬氨酸，其他几种必需氨基酸都符合 FAO/WHO（1973）提出的理想模式标准。由此可以肯定，无论何种喂养方式，大口黑鲈的蛋白质均是高品质的蛋白。与鲤相比，大口黑鲈所含的脂肪量较少，而体内的蛋白质较多，是典型的低热量、高蛋白食品。选育出的大口黑鲈"优鲈 1 号"优良品种与非选育群体相比，其蛋氨酸含量更高。

二、大口黑鲈的美食价值

世界上任何美味，都是首先通过舌尖形成记忆，进而形成文化并塑造价值的。大口黑鲈价格适中，肉紧密、脂肪少、无肌间刺，因此既"出得厅堂上酒席"，又"入得厨房家常菜"。大口黑鲈有众多烹饪方法，不但可以整条蒸调，而且还可切片、剁段、劈丝后炸、炒、炖、熘、煎、扒、熏、腌。我国不同地方根据当地的饮食习惯，创造出别具特色的地方名菜，如上海的"茄汁鲈鱼片"、广东的"清蒸鲈鱼"、江苏的"松鼠鲈鱼"等。

上海的"茄汁鲈鱼片"是当地最普通也是最为有名的一道家常菜。其做法是：鱼肉顺纹切长方形薄片，在碗内先打散蛋清，加入淀粉和盐调匀，加入鱼片仔细调拌，腌 15 分钟。然后将鱼片粘上干淀粉，投入七成热的油中炸黄（约半分钟），捞出鱼片。最后烧热油，炒香洋葱丁，再放入冬菇丁，随后倒入白糖、醋、番茄酱、料酒、盐，以大火煮滚，放入青豆拌炒，关火后放入鱼片略加拌和即可。

广东人喜食清淡，对于美食口感的严谨，让他们对大口黑鲈的挑选也非常严格。广东的清蒸鲈鱼在挑选大口黑鲈时，要求体形好、无损伤、游动敏捷、偏青色，鱼鳞有光泽、透亮、鱼尾呈红色。鱼洗干净后两边切花刀，姜片插入鱼肉里，姜丝塞肚，蒸锅烧水，水开后大火蒸 8 分钟后浇入料汁再蒸 1 分钟，让料汁和鱼充分融合。这是广东人认为最原始的吃法，鱼肉吃到嘴里绝对每一口都是享受。

江苏人有一张"吃鱼时间表"，他们认为正月吃鲈鱼是吉利的象征，在松江鲈消失的时间里，大口黑鲈成为他们新的选择。在诸多吃法中，江苏的"松鼠鲈鱼"最受欢迎。大口黑鲈切花刀，顺着鱼身直划刀，鱼皮不要划破，横要斜划刀，同样鱼皮不要划破，让鱼肉呈玉米粒状。鱼全身拍生粉，油烧热下鱼炸至微黄拿出摆盘。炸鱼也有讲究，把鱼尾从鱼肉中间穿上来，鱼尾就翘起来了，鱼摆好，打花刀面朝外，炸出来呈粒状。鱼口放樱桃番茄，勾芡浇汁，撒点松仁，"松鼠鲈鱼"这道大菜也就完成了。外形似松鼠，赋予了菜的灵魂，让其有味有形，同时向上翘着的鱼头、鱼尾也是对新的一年好运的期盼。

大口黑鲈肉质鲜美，各地的鲈鱼菜谱虽然美味，但操作复杂，具有一定的挑战性，但是酸菜鲈鱼无论从食材采购、口味，还是操作上，都是厨房新手的最佳选择。选择新鲜的大口黑鲈，去鳞鳃，剖腹，去内脏洗净，用刀取下两扇鱼肉，把鱼头劈开。用盐、料酒、胡椒粉、生粉把鱼肉腌上。切姜丝、蒜碎、泡椒碎，酸菜泡洗干净，沥水备用。锅内入油，放入姜丝、蒜碎、酸菜煸炒几分钟。再把酸菜盛起来，另起锅煎焦鱼骨架，放入适量水，煮少许时间到鱼汤发白。放入酸菜、泡椒碎、适量盐，煮开后把鱼骨架装碗。在剩下的汤中，放入鱼肉片，用筷子沿一个方向搅散。汤开，鱼肉泛白时美味营养的酸菜鲈鱼就做好了。

三、大口黑鲈的经济价值

20 世纪 80 年代末至 90 年代初，我国开始大力推进养殖业的发展来满足国内日益增长的水产品需求。2018 年，全国水产品人均占有量为 46.28 千克，特种水产品的市场规模越来越大，导致水产养殖业出现结构性调整。传统四大家鱼虽拥有悠久的养殖历史，但近年来养殖利润越来越低，让养殖户不时陷入困境，养殖信心减弱。我国目前的养殖品种不断增多，罗非鱼、对虾、蟹类、生鱼，以及各类海水养殖品种等，极大地丰富了百姓的餐桌。随着产业发展与消费升级，大口黑鲈被业界称为"第五大家鱼"。

我国大口黑鲈养殖产量近 10 年来呈明显增长态势。2003 年的养殖产量为 12.64 万吨，而 2018 年养殖产量达 43.21 万吨。大口黑鲈养殖主要分布在广东、江苏、浙江、江西、四川、福建等 6 个省份，占全国总养殖量的 92% 以上，其中广东占 62% 以上。大口黑鲈养殖主要有全配合饲料投喂养殖、全冰鲜鱼投喂养殖和混合投喂养殖 3 种。近年来，随着大口黑鲈特种饲料的研发进步，有不少养殖户开始选择全配合饲料投喂养殖，饵料系数为 1.1～1.3，饲料成本为 14～17 元/千克；一部分比较保守的养殖户仍然会选择全冰鲜鱼投喂养殖，冰鲜鱼的价格是 3.6～5 元/千克，饵料系数 4.0 左右，饵料成本为 15～20 元/千克；还有部分养殖户采用混合投喂养殖，冰鲜鱼和饲料交替投喂，饲料投喂比率为 20%～30%，饵（饲）料成本为 14.4～19 元/千克。大口黑鲈引进我国 30 多年来，发展速度远超同时代的很多品种，其行情较稳定，价格高时每千克达到 60 多元，利润可观。大口黑鲈对环境适应性强，养殖产区从原来的华南、华东扩大到华中、华北等地。截至 2018 年，大口黑鲈的养殖产量年年上升。其中，有 3 个重要因素对大口黑鲈产业的跨越式发展起到了关键作用：一是新品种大口黑鲈"优鲈 1 号"选育成功，养殖覆盖率约达 60%。二是全饲料养殖大口黑鲈技术日益成熟，饲料替代冰鲜鱼进程加快。三是当前渔业供给侧结构性改革进程中，一些省份和地区把大口黑鲈作为转养殖方式、调养殖结构的养殖品种之一加以扶持，如河南省、南京市溧水区等地就将大口黑鲈养殖列为农民增收致富的重点工程。

第二节 大口黑鲈养殖生产发展历程

大口黑鲈是一种适应性强、生长快、易起捕、养殖周期短、适温较广的名贵肉食性鱼类。大口黑鲈刚引入我国养殖时，由于未适应国内养殖环境，在养殖生产中不耐应激、不耐低氧，加上病害原因，死亡率较高。广东省开始养殖大口黑鲈时，主要采用混养模式，大口黑鲈摄食池塘中的小虾和野杂鱼；有的与罗非鱼混养，大口黑鲈直接摄食自繁的小规格罗非鱼。到了 20 世纪 90 年代初，大口黑鲈养殖逐渐发展为池塘主养，养殖产量上升很快。1991 年，养殖产量为 3 200 吨。1992 年，养殖产量迅速上升到 1 万吨，每亩*放养大口黑鲈鱼苗 2 000～2 500 尾，亩产量一般为 300～400 千克，主要投喂海水低值鱼类，饵料系数一般为 7.5～8.0。21 世纪初，随着养殖技术的快速提高，主要是水质调控技术的应用，加之饵料鱼的供应充足，广东省顺德和南海等地借助增氧机增氧和微生态制剂调水，大口黑鲈亩产量可达 3 000 千克，饵料系数为 4.0

---

* 亩为非法定计量单位，15 亩＝1 公顷。——编者注

左右。目前，随着人工配合饲料研制技术的成熟完善，逐渐普及使用配合饲料养殖大口黑鲈成鱼，池塘设施条件得到升级改造，池塘水深3.5米以上，平均每亩池塘配备1台增氧机，在充分合理利用增氧机增氧和微生态制剂调水养殖条件下，大口黑鲈养殖亩产量可超过5 000千克，配合饲料的饵料系数为1.0左右。经过30多年的养殖发展，大口黑鲈养殖技术水平不断提高，养殖亩产量不断攀升。除了养殖端之外，产业链的下游环节不断延伸和完善，商品鱼活鱼冷链长途运输技术的突破，大口黑鲈初级加工产品的研制，消费市场的蓬勃发展，使得整个大口黑鲈养殖产业取得了快速发展。

目前，国内大口黑鲈主要养殖区域中冰鲜鱼养殖模式仍是主流，但是冰鲜鱼养殖模式劳动强度大，养殖环境差，水质恶化和蓝藻泛滥导致病害频发，渔药滥用现象时常出现，制约了大口黑鲈养殖产业的绿色发展。近年来，随着大口黑鲈人工配合饲料研制技术的突破，饲料配方不断改进和完善，商业化品牌饲料遍地开花。人工配合饲料养殖效果和效益显著，饲料养殖模式逐渐推广开来，原来受限于冰鲜鱼供应的内陆省份成为新兴的大口黑鲈养殖区域。国内大口黑鲈养殖区域越来越广，几乎涵盖了淡水鱼类的主要养殖区域。2019年，农业农村部等10部委颁布的《关于加快推进水产养殖业绿色发展的若干意见》中明确规定"实施配合饲料替代冰鲜幼杂鱼行动，严格限制冰鲜杂鱼等直接投喂"。各级政府在积极推进肉食性鱼类饲料替代冰鲜鱼进行养殖，一些地方已经明确规定在水产养殖中取缔用冰鲜鱼养殖，无论是在资源保护方面还是在生态环境改善方面，都有其现实的社会意义和生态效益。随着国家环保政策越来越严格，人工配合饲料养殖模式替代冰鲜鱼养殖模式必然成为产业未来发展的趋势，也会加快大口黑鲈养殖产业的快速转型升级。

大口黑鲈肉质鲜美，富含蛋白质、维生素A、B族维生素，以及钙、镁、锌、硒等营养元素，具有补肝肾、益脾胃、化痰止咳之效。随着我国经济发展水平的不断提高，水产品消费升级明显加快，以大口黑鲈为代表的优质鱼类消费大增，近年来保持年均

10%以上的增长率，远高于常规大宗淡水鱼的增长速度。大口黑鲈市场销售价格比较稳定，比鳜和大菱鲆等名贵鱼类价格要低很多，是优质鱼类中为数不多的既适合家庭消费又适合酒店餐饮的品种。大口黑鲈肉质好，没有肌间刺，适合冷藏和初、精、深加工。但一直以来，大口黑鲈初、深加工方面却没有取得很好的突破，缺乏相关的品牌产品。由于肉片易成型和出肉率高，大口黑鲈是很好的酸菜鱼和水煮鱼的原料之一，其产品形式开始由以往传统的活鱼流通转向初、深加工产品发展。综上，大口黑鲈有着较强的市场竞争力，产业发展潜力和空间巨大。

第三节 大口黑鲈养殖现状和市场前景

一、大口黑鲈养殖产业现状

大口黑鲈养殖经过近40年的蓬勃发展，逐渐形成了较为庞大的产业规模。根据市场的发展需要，产业链分工明确，有专业化的鱼苗集中生产基地，出现了初具规模的水产种苗企业，苗种繁育开始细化分工，种苗生产的效率大幅提高，有专门进行连片养殖的专业村，养殖模式多样化，养殖效益较高，有规模化的商品鱼物流企业，带动了商品鱼的销售和消费，产业链中各环节完善发展，整体养殖技术已达到相当高的水平。

大口黑鲈具有肉质鲜美、生长速度快、养殖效益高等特点，深受养殖户和消费者的欢迎，成为我国渔业结构调整和转型升级发展过程中的典型养殖品种。近年来，传统的四大家鱼养殖效益不理想，养殖户纷纷选择转养大口黑鲈等名优淡水鱼类，尤其在内陆省份大口黑鲈养殖面积和规模呈现爆发式增长。我国老百姓长期以来有着喜食鲜活鱼的消费习惯，但目前大口黑鲈养殖生产集中在广东的佛山、江苏的苏州、浙江的湖州等区域，活鱼汽车远程冷链运输技术的突破，解决了鲜活鱼长途运输成本高、死亡率高的难题，目前全国大多数城市均有鲜活大口黑鲈供应，呈现出"产地生产、全国配送"的局面。大口黑鲈已形成全国性的消费，是一条名副其实的"百姓鱼"。国内大型餐饮连锁公司，如"九毛九""太二酸菜鱼"等都选择大口黑鲈做酸菜鱼，进一步带动了大口黑鲈的消费。大口黑鲈养殖产业规模一直处于稳步发展中，全国的养殖产量节节攀高。据统计，2003—2018年，大口黑鲈年产量稳步上升，尤其近几年增幅较大，2003年产量为12.6万吨，至2018年已增长为43.2万吨，总产量增长了2.4倍（图1-1）。目前，我国大口黑鲈养殖主要集中分布在广东、江苏、浙江、江西、四川、福建、湖北等7省份，占全国总产量的90%以上。其中，广东占总产量的60%左右，具体的养殖分布情况如下：

广东：养殖集中分布在珠江三角洲的佛山市，主要为池塘精养。根据笔者的调研，2018年广东养殖面积约有8万亩，产量为25.8万吨。其中，佛山市顺德区池塘养殖大口黑鲈有3.3万亩，主要分布在勒流、杏坛、乐从、龙江和均安等镇；佛山市南海区有2万多亩，主要分布在九江镇和西樵镇。佛山市高明区和三水区近年来养殖规模增长较快，中山市等地也在发展大口黑鲈养殖。佛山顺德和南海两地的大口黑鲈平均亩产在3吨左右，最高亩产量达6吨，是国内大口黑鲈养殖亩产量最高的区域。据此推算，仅顺德和南海两地大口黑鲈养殖产量就近20万吨。

江苏：养殖集中分布在苏州和南京两市，主要是池塘养殖。之前河道、湖泊、网箱养殖面积较大，但由于环境保护的压力，网箱养殖已大面积减少。根据笔者的调研，苏州市吴江区池塘养殖大口黑鲈有3万多亩，南京市高淳区和溧水区有1.5万亩左右，平均亩产1吨多。据此推算，江苏地区总产量约4万吨。在以四大家鱼和鲫养殖为主的盐城等地也开始有养殖户转养大口黑鲈。

浙江：养殖集中分布在杭州、嘉兴、湖州一带。据资料显示，仅湖州池塘养殖大口黑鲈就3万亩左右，养殖水平与江苏相当。嘉兴、杭州和绍兴养殖面积达几千亩，因此浙江大口黑鲈产量应在 3 万吨以上。

　　江西和四川过去网箱养殖大口黑鲈较多，现在网箱养殖基本上都已退出。目前，江西没有集中的养殖区，实际产量并不多。四川池塘养殖集中分布在成都、绵阳、德阳、攀枝花等市，平均亩产为 1～1.5 吨，实际总产量在 2 万吨左右。福建养殖规模很小，处于试养阶段，主要集中在漳州市郊区一带，而且为从台湾引进的苗种。随着人工配合饲料的普及和推广，之前受冰鲜鱼价格高和供应不足限制的湖北、湖南、河南和天津等地，已成为新兴的大口黑鲈养殖产区，养殖规模逐年扩大，而且出现了面积较大的规模化养殖企业，进一步带动了全国大口黑鲈养殖产业的发展。根据笔者的调研，河南省近 2 年大口黑鲈养殖面积增加了 5 000 多亩，呈现爆发式增长。

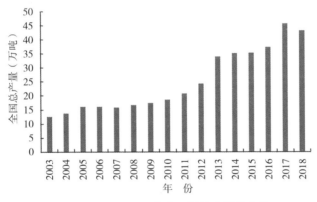

图 1-1 2003—2018 年大口黑鲈全国总产量

　　我国大部分地区的大口黑鲈以池塘精养为主，池塘面积为 5～10 亩，水深 1.5～3.5 米。其中，珠江三角洲地区精养塘的亩产为 3～4 吨，江浙地区精养塘的亩产为 1 吨左右。其次是网箱主养，网箱一般采用聚乙烯线编织而成，体积一般为 40～75 米^3。有些地区采用大口黑鲈与四大家鱼、罗非鱼、胭脂鱼、黄颡鱼、鲫等成鱼进行混养，一般每亩池塘放养 5～10 厘米的大口黑鲈鱼种 200～300 尾，不用另投饲料，年底可收获达上市规格的大口黑鲈。珠江三角洲地区的大口黑鲈成鱼养殖通常在4月放苗,当年10月以后即可分批收获400克以上的成鱼,一般到翌年1月经过2～3批收获即可将鱼全部收获。在江浙地区,一般5月放苗,年底可收获一部分,其余到翌年的上半年陆续收获上市。

大口黑鲈对饲料蛋白要求较高。目前,大口黑鲈饲料研制技术逐渐成熟,出现了众多的商业化品牌饲料,在国内进行了广泛的推广应用。在华东、华中和西南地区用人工饲料养殖的大口黑鲈大多要到翌年才能上市,随着反季节苗种的推广,养殖户开始选择投放大规格苗种直接养殖,这样当年就可以全部上市。珠江三角洲的养殖户普遍反映在高温期用人工配合饲料养殖的效果不理想,生长速度不如饲喂冰鲜鱼的快,多数养殖户选择冰鲜鱼和配合饲料混合投喂。另外,如果配合饲料投喂过多,大口黑鲈容易消化不良,进而导致疾病暴发。随着大口黑鲈人工配合饲料加工工艺的进一步完善,其推广普及率会大幅度提高,甚至完全取代冰鲜鱼投喂。

由于大口黑鲈夏季售价高,近两年大口黑鲈反季节苗种开始生产和供应,从而实现商品鱼错峰上市,提高养殖效益。广东部分养殖户选择养殖早苗,搭冬棚提高温度进行苗种培育,在7月就可以出第1批鱼,第1批鱼就能收回大部分成本,养殖效益很好。随着大口黑鲈反季节鱼苗繁育技术的成熟,现在广东每年10月就有水花大量供应,华东地区在2月就有水花生产出来,且未来有希望实现全年有鱼苗生产,供应全国各地,促使大口黑鲈商品鱼全年稳定供应市场,大幅减少年底商品鱼集中上市的现象。

二、大口黑鲈养殖产业存在的主要问题

随着大口黑鲈养殖技术的提升以及运输和销售模式的转变,大口黑鲈养殖经济效益不断提高,促进了养殖产业的稳定发展。但大口黑鲈养殖产业繁荣发展的同时也存在许多问题,影响到产业的健康和可持续发展,具体表现为以下5个方面:

（一）种质问题

目前，我国养殖的大口黑鲈主要是由野生群体家养驯化而成。笔者团队的研究结果显示，国内养殖大口黑鲈在分类地位上属于大口黑鲈北方亚种，但其遗传多样性只有美国野生群体的 70% 左右，推测主要原因是当初引进时的奠基种群太小，以及引种 30 多年来不注重亲本留种的操作规程。目前，有些苗种场为了生产上的方便，甚至将上年卖剩的鱼作为亲本进行繁殖，致使大口黑鲈的种质质量不断下降，表现为生长速度降低、性成熟提前、病害增多等。上述现象，已严重制约我国大口黑鲈养殖业稳定、健康和可持续发展。尽管目前国家已培育出的新品种有大口黑鲈"优鲈 1 号"和"优鲈 3 号"，但相对于庞大的产业规模来说现有新品种数量还不够多，仍缺乏抗病力强、耐高温等其他性状优势明显的选育品种。

（二）人工配合饲料问题

池塘养殖和网箱养殖的大口黑鲈以冰鲜鱼为主要饵料，这些饵料大部分是从海洋捕捞而来。由于海洋捕捞的量有限，目前获得的冰鲜鱼已很难满足日益增长的水产养殖的需要，导致冰鲜鱼的价格不断攀升，由十几年前的每千克 1 元多涨到现在 3~5 元/千克，增加了大口黑鲈养殖成本。另外，冰鲜鱼，尤其是不新鲜的冰鲜鱼易带菌，容易传染给大口黑鲈。投喂过程中多余的冰鲜鱼、排泄物长期积累在水体中，超出了水体中微生物、藻类的分解极限，极易引起水质恶化，因此在养殖期间要不停地换水，对周边水环境产生一定的负面影响。冰鲜鱼运输、破碎、投喂过程中工作量大，环境条件差。因此，冰鲜鱼养殖模式不符合我国渔业健康绿色发展的要求。自 20 世纪 90 年代开始，很多业内人士就已经看到了大口黑鲈养殖产量逐年增长所带来的饲料市场空间，相关的研究机构和饲料企业都投入了大量资金和精力进行大口黑鲈专用饲料的开发，试图攻克这一难关，开始用饲料养殖的效果不理想，经过加工工艺的不断改进和饲料配方的不断优化，目前研制的专用全价配合饲料已在生产中进行了大规模的推广应用，取得了良好的养殖效果。使用配合饲料养殖的大口黑鲈当年就可长到 500 克以上，养殖亩产量与采用冰鲜鱼投喂接近，基本可以满足养殖生产要求。现在生产饲料的厂家很多，质量也好坏不一，在珠江三角洲的养殖户反映用人工配合饲料的成本通常比较高，用于早期的养殖还可以，但鱼长到 200 克以后，特别是七八月的高温期用饲料投喂也会出现不理想的养殖效果。

（三）养殖病害问题

长期以来，大口黑鲈的养殖户为了追求产量和经济效益，不断提高养殖密度，加上池塘水质容易变坏和苗种质量不好，导致病害频发。目前，大口黑鲈的常见病有十几种，包括寄生虫病、病毒病和细菌病，也有多病原综合作用导致发病现象。有些病，如溃疡病和病毒病给养殖户带来了巨大的经济损失。随病害频发而来的是药物滥用现象较为普遍，水产品品质安全得不到有效保障，给产业可持续发展带来严重影响。

（四）产业化经营缺乏

我国大口黑鲈养殖年生产量已达 40 多万吨，养殖规模较大，但传统的冰鲜鱼养殖模式投入的劳动量大，相对四大家鱼养殖而言，每亩投入的资金较多，如一口 10 亩的鱼塘每年生产 25 吨鱼，每年要投入 30 万～40 万元，导致养殖户的养殖面积一般只有 8～10 亩，很少见到有成百上千亩的大口黑鲈养殖专业户或农场。由于没有实行企业化运作，且只限于大口黑鲈的养殖，产业链不完整，养殖户往往是跟风养殖，今年的鱼价好了，明年养殖大口黑鲈的人就增加；而今年鱼价不好了，养殖户明年就会纷纷改养其他品种，致使大口黑鲈商品鱼的价格每年都有较大波动。

（五）产品品牌意识缺乏

近年来，大口黑鲈在珠江三角洲地区的塘头收购价一直徘徊在

18～45 元/千克。随着饲料、塘租和人工等费用的增加，利润空间已越来越小，养殖户不得不以提高产量来保证应有的利润，养殖亩产量也不断被刷新，当年亩产量 3～4 吨已不足为奇，养殖亩产量最高可达 5 吨以上。但高密度和高产量并不一定能给养殖户带来更高的利润，价格的波动、病害的高发和药物的滥用往往伴随着更高的风险。在发展产业化经营的基础上，由片面追求高产转化到质量优先、保证安全，打造大口黑鲈品牌是促进大口黑鲈产业稳定发展的方法之一。

三、对策建议

（一）良种培育与推广

2005 年，中国水产科学研究院珠江水产研究所在国内率先开展了大口黑鲈的良种选育工作，利用群体选育技术于 2011 年培育出大口黑鲈"优鲈 1 号"新品种，其生长速度提高了 17.8％～25.3％，畸形率也由原来的 5％降低到 1％。该品种被列为全国和多个地方政府的主推养殖品种，在广东、浙江、江苏、湖北、湖南和四川等省份的推广取得了显著的经济效益和社会效益，每年生产和推广的大口黑鲈"优鲈 1 号"苗种超过 30 亿尾，国内"优鲈 1 号"养殖的普及率达到 60％以上，促进了大口黑鲈养殖产业的健康稳定发展。为了推进用人工配合饲料替代冰鲜鱼进行大口黑鲈养殖，2019 年中国水产科学研究院珠江水产研究所联合梁氏水产种业有限公司及南京帅丰饲料有限公司在大口黑鲈"优鲈 1 号"和从美国引进的大口黑鲈种质基础上又培育出新品种大口黑鲈"优鲈 3 号"，在人工配合饲料喂养时 1 龄大口黑鲈"优鲈 3 号"生长速度（体重）比大口黑鲈"优鲈 1 号"平均提高 17.1％，比大口黑鲈引进群体提高 33.92％～38.82％，"优鲈 3 号"驯化摄食配合饲料的时间缩短，驯食成功率显著提高，适合于全程人工配合饲料养殖模式。2019 年，农业农村部等 10 部委联合印发的《关于加快推进水产养殖业绿色发展的若干意见》中提到了规范种业发展，鼓励选育推广优质、高效、多抗、安全的水产养殖新品种以及提升水产养殖良种化水平等，明确了实施配合饲料替代冰鲜鱼行动，严格限制冰鲜鱼等直接投喂。目前，大口黑鲈新品种相对还不够多，尚且缺少抗病力强、耐高温等优势品种，有待国内科研单位进行科技攻关。目前，大多数大口黑鲈苗种生产场规模小，至今还没有大口黑鲈国家级良种场，在大口黑鲈"优鲈1号"良种的大力助推下，江苏省、浙江省和天津市的大口黑鲈"优鲈1号"苗种生产企业已申请获批省级良种场的资格，目前现有良种场的生产能力有限，远不能满足大口黑鲈养殖产业发展的需要。建议国家加强大口黑鲈良种选育和良种场的建设，充分发挥政府在水产良种产业发展中的主导作用，从政策和资金两方面对良种选育、生产和推广给予扶持。

（二）人工配合饲料开发与推广应用

针对人工配合饲料配方的改进与完善，一方面，需加强对大口黑鲈营养需求的研究，从饲料蛋白源、脂肪源及糖源利用率等方面深入探讨，开发适合市场需要的配合饲料；另一方面，从遗传育种的角度出发，培育出适合投喂人工配合饲料或植物蛋白的选育新品种，促进低鱼粉蛋白配合饲料的推广应用。目前，中国水产科学研究院珠江水产研究所等单位选育出适合摄食人工配合饲料的新品种大口黑鲈"优鲈3号"，促进了大口黑鲈配合饲料养殖模式的普及推广。

（三）病害防治

针对大口黑鲈养殖过程中的病害频发及药物滥用，建议养殖户采用合理的养殖密度，多采用以微生态制剂为主的生态防治技术或者生态养殖模式，尽可能减少化学药物的使用。此外，政府需加大对大口黑鲈病害研究项目的扶持力度，开发病害快速检测技术，加快大口黑鲈病害相关疫苗的研发，特别是病毒性疾病疫苗的开发和应用。

（四）产业化经营

以市场为导向，以流通企业、加工企业或大型养殖企业为依托，以广大养殖户为基础，以科技服务为手段，通过把大口黑鲈生产过程的产前、产中、产后等环节联结为一个完整的产业系统，建立"公司＋农户"模式，由公司统一繁育良种种苗销售给养殖户，为养殖户提供专用配合饲料、全程的养殖技术服务和市场咨询。同时，公司要求养殖户做到规范养殖，禁止使用违禁药物，养成的商品鱼再由公司统一回收销售，公司甚至可以与养殖户协议约定最低的收购价，在商品鱼收获之前允许养殖户赊欠一定数量的苗种、饲料或渔药。这样不仅能产生种苗、养殖、加工、物流、销售各环节一体化的综合型企业，而且能通过品牌建设等渠道提高产品的附加值。大型企业更接近消费市场，拥有较多的市场资源和信息，而且企业管理人员对产业有较深入的观察和思考，往往能带动整个行业朝着更高的目标前进。这种"公司＋农户"的模式在大口黑鲈养殖业中已开始实施。

（五）打造品牌、推广饮食文化

与我国目前绝大多数水产养殖品种一样，至今仍未有标志性的大口黑鲈品牌产品，无品牌商品的市场价格波动幅度大，抗跌能力较差。因此，应从养殖入手，制定养殖规范和技术标准，保证养殖出高质量的大口黑鲈。通过多种渠道，如在超市开设鲈鱼专柜等，将绿色的优质产品推向市场，逐渐树立品牌，从而提高养殖户的利润，引导消费者放心吃鱼。此外，针对大口黑鲈肉质坚实、味美清香的特点，大力发展精深加工，丰富加工种类，提高大口黑鲈加工品质。进行休闲食品的开发，将大口黑鲈加工成鱼酥、鱼松、烤鲈鱼等休闲食物，既可避免年底大口黑鲈集中上市时的销售困境，又可大大提高产品的附加值。研究加工食用方法和烹饪技术，制作名菜佳肴，有利于推广大口黑鲈的饮食文化，促进大口黑鲈的销售，带动养殖产业的发展。

15

第二章 大口黑鲈生物学特性

第一节 形态与分布

一、大口黑鲈的形态结构

大口黑鲈是凶猛的肉食性鱼类，身体呈纺锤形，侧扁，背肉稍厚，横切面为椭圆形，身体背部为青灰色，腹部灰白色。大口黑鲈，顾名思义，它的口裂大，斜裂，颌能伸缩，具有锐利的绒毛细齿。从吻端至尾鳍基部有排列成带状的黑斑。鳃盖上有3条呈放射状的黑斑。体被细小栉鳞。背鳍硬棘部和软条部间有一小缺刻，不完全连续；侧线不达尾鳍基部。第1鳃弓外鳃耙发达，骨质化，形状似禾镰，除鳃耙背面外，其余三面均布满倒锯齿状骨质化突起。第5鳃弓骨退化成短棒状，无鳃丝和鳃耙。体被细小栉鳞。背部为青绿橄榄色，腹部黄白色。尾鳍浅凹形。鳔1室，长圆柱形；腹膜白色；有胃和幽门垂，肠粗短，2盘曲，为体长的0.54～0.73倍。可食部分约占体重的86%。大口黑鲈外形框架示意图见图2-1和彩图1。

我国养殖大口黑鲈的可数性状和可量性状分别见表2-1和表2-2。从表2-1可以看出，我国养殖大口黑鲈的鳍式为：D. Ⅸ-13～15，A. Ⅲ-10～12，V. Ⅰ4～5；P. 12～13。鳞式为（58～68）［（6～9）／（12～17）］。鳃耙2+6。脊椎骨26～32枚，肋骨15对，侧线鳞数58～68片。从表2-2可以看出选取的大口黑

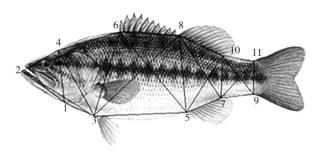

图 2-1 大口黑鲈外形框架示意

1. 下颌骨最后端 2. 吻前端 3. 腹鳍起点 4. 额部上颌骨最后段

5. 臀鳍起点 6. 背鳍起点 7. 臀鳍尾端 8. 第 1 背鳍末端 9. 尾鳍腹部起点

10. 背鳍末端 11. 尾鳍背部起点

鲈体重为（468.27±194.54）克，全长为（29.05±3.38）厘米。

另外，据大量数据统计结果可知，体长/体高的变化范围为3.08±0.18；体长/头长的变化范围为 3.10±0.23；尾柄长/尾柄高的变化范围为 1.58±0.21。

表 2-1 我国养殖大口黑鲈的可数性状

性状	范围	平均值	标准差	平均值变化范围	标准误
背鳍条	Ⅸ-13～15	14.20	0.63	14.2±0.63	0.2
臀鳍条	Ⅲ-10～12	11.00	0.67	11.0±0.67	0.211
胸鳍条	12～13	12.30	0.48	12.3±0.48	0.153
腹鳍条	Ⅰ-4～5	4.70	0.48	4.70±0.48	0.153
脊椎骨（枚）	26～32	30.40	2.46	30.40±2.46	0.777
侧线鳞（片）	58～68	61.66	2.64	61.66±2.64	0.489
侧线上鳞	6～9	7.83	0.60	7.83±0.60	0.112
侧线下鳞	12～17	15.69	1.04	15.69±1.04	0.193
鳃耙	2+6				
肋骨（对）	15				

表 2-2　我国养殖大口黑鲈的可量性状

性状	范围	平均值	标准差	平均值变化范围	标准误
体重（克）	103.5～967.5	468.27	194.54	468.27±194.54	17.47
全长（厘米）	18.95～37.30	29.05	3.38	29.05±3.38	0.30
体长（厘米）	16.30～33.13	25.50	3.13	25.50±3.13	0.28
体高（厘米）	4.81～12.00	8.34	1.42	8.34±1.42	0.13
头长（厘米）	5.35～29.00	8.35	2.11	8.35±2.11	0.19
吻长（厘米）	0.97～2.17	1.46	0.23	1.46±0.23	0.02
体宽（厘米）	2.5～6.0	4.38	0.76	4.38±0.76	0.07
眼径（厘米）	0.90～1.80	1.18	0.13	1.18±0.13	0.01
眼间距（厘米）	1.20～2.90	2.17	0.31	2.17±0.31	0.03
尾长（厘米）	5.42～33.79	8.42	2.51	8.42±2.51	0.23
尾柄长（厘米）	3.16～7.69	5.10	0.74	5.10±0.74	0.07
尾柄高（厘米）	1.93～7.67	3.28	0.62	3.28±0.62	0.06
体长/体高	2.57～3.48	3.08	0.18	3.08±0.18	0.02
体长/头长	0.88～3.75	3.10	0.23	3.10±0.23	0.02
尾柄长/尾柄高	0.62～2.86	1.58	0.21	1.58±0.21	0.02

二、大口黑鲈的自然分布

大口黑鲈在原产地由两个亚种组成，一个是分布在美国佛罗里达半岛的佛罗里达州亚种（*M. salmoides floridanus*），另一个是分布遍及美国中部和东部地区、墨西哥东北部地区以及加拿大东南部地区的北方亚种（*M. salmoides salmoides*）。经科学鉴定，我国养殖的大口黑鲈在分类地位上属于北方亚种。

18

第二节 生长与生活习性

一、年龄与生长

大口黑鲈在北美自然水域内生长速度较快，记录最大个体体重达 10 千克，全长 970 毫米。在我国华南地区当年可长到 500～1 000 克，在华东也可长到 500～750 克。通常 1～2 龄生长速度较快，3 龄生长速度开始减慢。

二、食性

以肉食性为主，掠食性强，摄食量大，成鱼常单独觅食，喜捕食小鱼虾。食物种类依鱼体大小而异。孵化后 1 个月内的鱼苗主要摄食轮虫和小型甲壳动物。当全长达 5～6 厘米时，大量摄食水生昆虫和鱼苗。全长达 10 厘米以上时，常以其他小鱼为食。在适宜环境下，摄食极为旺盛。冬季和产卵期摄食量减少。当水温过低、池水过于混浊或水面风浪较大时，常会停止摄食。

三、生活习性

在自然环境中，大口黑鲈喜栖息于沙质或沙泥质且混浊度低的静水环境，尤喜群栖于清澈的缓流水中。经人工养殖驯化，大口黑鲈能适应较肥沃的池塘水质，一般活动于中下水层，常藏身于植物丛中。水温为 2～34℃时均能生存，10℃以上开始摄食，最适生长温度为 20～30℃。大口黑鲈为肉食性鱼类，摄食性强，食量大，相互间会残杀，尤其是在苗种培育期间。人工养殖成鱼可投喂鲜活小杂鱼，也可投喂切碎的冰鲜鱼或人工配合颗粒饲料。

第三节　繁殖特性

　　大口黑鲈性成熟年龄为 1 年以上，自然性成熟之后多次产卵，正常产卵时间为 2—7 月，华南地区 2—4 月为产卵盛期。卵属于黏性卵。在北方地区宜选用 2 龄的大口黑鲈作为亲鱼，其个体规格较大，相比 1 龄大口黑鲈亲鱼性腺发育更好，产苗效果更佳。广东地区通常选用当年的大口黑鲈作为亲本，一般在 12 月就开始挑选亲本来进行强化培育，亲鱼在池塘中自然繁殖产卵。如果挑选的是 2 龄大口黑鲈，则多是用作早繁亲鱼，10 月就开始人工注射催产剂，促使大口黑鲈性腺提早成熟，在 11 月或 12 月就能繁殖出鱼苗，从而将大口黑鲈成鱼养殖时间提前，使得在 7 月就可以实现养殖的商品鱼上市。大口黑鲈繁殖的适宜水温为 18～25℃，以 20℃左右为最佳。体重 1 千克的雌鱼怀卵大约 10 万粒，每次产卵 10 000 粒以上。

　　平时雌雄鱼难以辨别，到了生殖季节，成熟的雌雄大口黑鲈差异明显，雌鱼体色淡白，卵巢轮廓明显，前腹部膨大柔软，上下腹大小匀称，有弹性，尿殖乳头稍凸，产卵期呈红润状，上有 2 个孔，前后分别为输卵管和输尿管开口（彩图 2）。雄鱼则体形稍长，腹部不大，尿殖乳头凹陷，只有 1 个孔，较为成熟的雄鱼轻压腹部便有乳白色精液流出（彩图 3）。

　　大口黑鲈喜欢在水质清新、长有水草（如金鱼藻、轮叶黑藻等）或池底有沙石的池塘中自然产卵。在池塘中自然孵化与将受精卵拿到室内集中恒温孵化相比孵化率低，且鱼苗长得大小不一、容易自相残杀。

第四节　大口黑鲈"优鲈1号"简介

大口黑鲈自1983年引进我国，经养殖推广，已成为我国重要的淡水养殖品种之一。引进之后国内养殖的大口黑鲈长时间缺乏人工定向选育，加之繁殖过程中没有严格遵守亲本选择的要求，选择个体小、生长速度慢的个体作为亲本，导致大口黑鲈种质退化现象严重，主要表现为生长速度降低、饵料转化率下降、病害增加，制约了大口黑鲈养殖产业的健康稳定发展。从2005年开始，中国水产科学研究院珠江水产研究所在"十一五"国家科技支撑计划、农业部行业专项、广东省科技计划和广东省科技兴渔项目支持下开展了大口黑鲈良种选育，与佛山市南海区九江镇农林服务中心合作，于2011年培育出了大口黑鲈"优鲈1号"新品种。该品种以国内4个养殖群体为基础选育种群，采用传统的选育技术和分子生物学技术相结合的育种方法，以生长速度为主要指标，经连续5代选育获得，是世界上第一个大口黑鲈选育新品种。

一、大口黑鲈"优鲈1号"培育过程

1. 亲本来源

2005年，中国水产科学研究院珠江水产研究所大口黑鲈育种团队从广东省佛山市南海区沙头水产养殖场、南水水产养殖场、西樵水产养殖场和广东省大口黑鲈良种场各挑选体形标准、健康、体重大于0.65千克的大口黑鲈300尾，雌雄鱼各半，将各群体混合在一起建立选育基础群体，再随机分到田心和南金两个选育养殖场，数量均为600尾，进行连续多个世代的人工选育。

2. 培育过程

2006年3月，该育种团队将来自4个不同地区的亲鱼混合后分到田心和南金两个选育养殖场进行繁殖。选育方法为群体选育

21

法，对每一世代实验鱼在体长 10 厘米和体重 500 克左右时进行选择，选留生长快、体长/体高介于 3.0～3.2、体长/尾柄长介于 5.5～7.0 的健壮个体，每代的总选择率为 5％～10％，每年的选择反应均达 0.15 千克以上。2006—2010 年，连续 5 年进行群体选育，共获得 F_1 至 F_5 5 个世代的大口黑鲈选育鱼，将该选育品种定名为大口黑鲈"优鲈 1 号"。

二、品种特性

大口黑鲈"优鲈 1 号"具体有生长快、体形好等优良经济性状。大口黑鲈"优鲈 1 号"的生长速度比非选育大口黑鲈快 17.8％～25.3％，高背短尾的畸形率由 5.2％降到 1.1％。个体间生长差异性减小，均匀性增加，第 1 批达上市规格鱼产量比非选育大口黑鲈增加 15％以上。大口黑鲈"优鲈 1 号"的外部形态性状与普通大口黑鲈没有明显差异，可数性状特征为：背鳍 Ⅷ～Ⅸ，I-11～14；臀鳍 Ⅲ，I-9～11；侧线鳞 55～77，侧线上鳞 7～9，侧线下鳞 14～17；左侧第 1 鳃弓外侧鳃耙数 8～9；脊椎骨总数 31～32。除左侧第 1 鳃弓外侧鳃耙数为 8～9，而国家标准（GB 21045—2007）为 6～7 之外，其余外部形态与国家标准相符。在可量性状方面，与国家标准相比，差异表现在体长/头长比国家标准略偏大，头长/眼径、尾柄长/尾柄高都比国家标准略偏小，显示出大口黑鲈形态性状有所改良（图 2-2、图 2-3）。

图 2-2　大口黑鲈"优鲈 1 号"

图 2-3　大口黑鲈"优鲈 1 号"新品种证书

三、产量表现

大口黑鲈"优鲈 1 号"在全国各主产区得到广泛推广,以池塘精养模式为主,在佛山地区大口黑鲈"优鲈 1 号"池塘精养模式平均亩产可达 3～4 吨。

四、养殖技术

1. 池塘条件

精养池塘的面积以 5～10 亩为宜,套养大口黑鲈池塘的面积宜大勿小,池底淤泥少,壤土底质,水深 1.5～3.5 米。高密度养殖时,需要配备增氧机和抽水机械。

2. 放养密度

精养池塘鱼种放养密度因养殖地区不同而不同,广东地区的亩放养密度为 6 000～8 000 尾,而江苏、浙江和四川地区的放养密度为 1 500～2 500 尾,套养池塘每亩放养 50～80 尾。

3. 饲料投喂

池塘养殖大口黑鲈主要投喂冰鲜鱼或配合饲料,进行定时、定

23

量投喂，供给足够的饵料，以保证全部鱼苗均能吃饱，使鱼苗个体生长均匀，减少自相残杀，提高成活率。

4. 水质调控

养殖池塘的水质不宜过肥且溶解氧丰富，应坚持定期换水，使水的透明度保持在 40 厘米左右，定期定时开增氧机，使水体的溶解氧量均衡。同时，适量放养大规格鲢、鳙和鲫等，以清除饲料残渣，控制浮游生物生长，调节水质。

第五节　大口黑鲈"优鲈3号"简介

我国大口黑鲈成鱼养殖主要采用冰鲜鱼投喂。据估计，每年养殖大口黑鲈需要消耗大约 150 万吨冰鲜鱼，而且这些冰鲜鱼都是从海洋中捕捞的小型野杂鱼类。我国海洋渔业资源面临着衰退局势，海洋资源的捕捞量越来越有限，这种养殖模式势必会受到严重影响。近年来，受冰鲜鱼市场价格逐年上涨的影响，大口黑鲈养殖成本不断升高，每千克大口黑鲈的养殖成本上涨了约 4 元。采用冰鲜鱼养殖大口黑鲈也存在一些不利的影响因素，一方面，冰鲜鱼的保存和运输成本高，特别是我国内陆省市购买冰鲜鱼的成本更高，制约了大口黑鲈的养殖推广；另一方面，投喂冰鲜鱼易引起池塘水质变坏，特别是残留饵料易滋养有害微生物，且冰鲜鱼中常带海水致病菌，如诺卡氏菌等，这些都易导致池塘养殖大口黑鲈常暴发严重疾病，且多数病害是多种疾病同时暴发，给治疗带来极大困难，常难以治愈。采用人工配合饲料饲养大口黑鲈能有效解决上述问题。配合饲料养殖模式具有以下优点：①对养殖环境的污染减少；②饲养过程中投入的劳动量大幅减少；③大口黑鲈的土腥味降低，更耐低氧，运输过程中死亡率降低，节约了运输成本；④成鱼养殖过程中病害少、用药少，加之饵料系数低，养殖成本明显降低；⑤配合饲料养殖模式利于大口黑鲈在我国中北部和西部地区推广。人工配合饲料

养殖大口黑鲈过程中，幼苗从摄食活饵转成配合饲料的驯化周期长、驯食成功率低，在高温期大口黑鲈出现不摄食、生长慢的现象，导致养殖户改投冰鲜鱼或者冰鲜鱼和配合饲料交替使用，个体间的生长差异大、均一性低。针对这些问题，中国水产科学研究院珠江水产研究所联合梁氏水产种业有限公司和南京帅丰饲料有限公司，通过传统选育技术和生物技术培育出易驯食人工配合饲料的快长品种大口黑鲈"优鲈3号"，该品种的推广将促进大口黑鲈养殖产业的转型升级发展，也将对我国渔业可持续发展起到推动作用。

一、大口黑鲈"优鲈3号"培育过程

(一)亲本来源

大口黑鲈"优鲈1号"是以国内4个大口黑鲈北方亚种养殖群体为基础选育种群，于2011年培育出的大口黑鲈选育品种。大口黑鲈北方亚种引进群体是2010年4月从美国国际渔业贸易有限公司引进的野生群体。2012年3月，中国水产科学研究院珠江水产研究所大口黑鲈育种团队从中国水产科学研究院珠江水产研究所广州良种基地挑选体形标准、健康、体重大于0.65千克的大口黑鲈"优鲈1号"和美国引进的大口黑鲈北方亚种各500尾建立选育基础群体，两群体中雌雄比均为1∶1。

(二)技术路线、选育过程

2012年3月，该育种团队在中国水产科学研究院珠江水产研究所广州良种基地对大口黑鲈育种基础群体（雌雄比为1∶1）进行繁殖，获得苗种约500万尾。在水花摄食浮游生物至2厘米左右时开始进行连续3天的驯化转食人工配合饲料，采用群体选育技术进行选育，对每一世代选育鱼在体长3.0厘米、体长10厘米和性成熟时进行选择，以摄食人工配合饲料条件下生长良好和易驯化摄食配合饲料为主要选育指标，选留生长快和健康无病的个体，总留种率为5%，每代的选留亲本为1 000尾，大口黑鲈"优鲈3号"

选育技术路线见图 2-4。2013—2014 年在清远基地进行选育、繁殖和养殖试验。2015—2017 年在佛山三水基地进行选育、繁殖、养殖和中试试验。2017 年，在南京高淳基地进行繁殖、养殖对比和中试试验。2012—2015 年，连续 4 年进行群体选育，共获得 F_1 至 F_4 的 4 个世代的大口黑鲈选育鱼，将该选育品种定名为大口黑鲈"优鲈 3 号"。

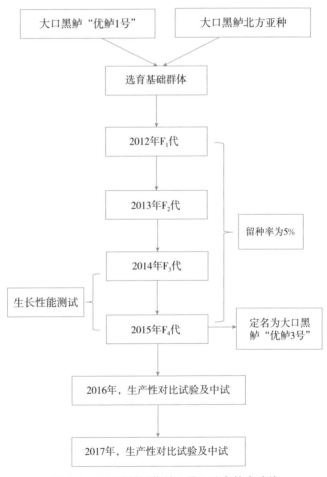

图 2-4 大口黑鲈"优鲈 3 号"选育技术路线

二、品种特性

在摄食配合饲料的相同养殖条件下，与大口黑鲈"优鲈1号"相比，大口黑鲈"优鲈3号"10月龄生长速度平均提高17.1%，15日龄幼鱼驯食5天后的驯食成功率平均提高10.3%（图2-5、图2-6）。适宜在我国人工可控的淡水水体中养殖。

图2-5　大口黑鲈"优鲈3号"

图2-6　大口黑鲈"优鲈3号"新品种证书

三、产量表现

在广东佛山和广州，江苏无锡、宿迁和南京等地开展了大口黑鲈"优鲈3号"中间试验。大口黑鲈"优鲈3号"平均亩产提高18.3%以上,饵料系数为0.89~1.13,养殖成活率为89%以上,养殖经济效益高。在苗种培育阶段,大口黑鲈"优鲈3号"驯食配合饲料周期短,驯食成功率显著高于大口黑鲈"优鲈1号"和非选育大口黑鲈,在摄食人工配合饲料条件下具有显著的生长优势。

四、养殖模式与养殖技术要点

(一)主要养殖模式介绍

1. 佛山地区池塘精养模式

养殖实例:鱼塘面积6~10亩,佛山地区某养殖户大口黑鲈养殖情况统计见表2-3,平均亩产为3.5~4吨。

表2-3 佛山地区某养殖户大口黑鲈养殖情况统计

批次	分塘时间	分塘规格	放养密度(尾/亩)	卖头批鱼时间	干塘时间
头批鱼	4—5月	20~60尾/千克	5 000~7 000	9—10月	12月至翌年1月
中批鱼	6月	20~80尾/千克	7 000~9 000	1月	翌年3—4月
尾批鱼	7—8月	20~40尾/千克	8 000~12 000	2—4月	翌年6—8月

2. 湖州地区池塘养殖模式

养殖实例:鱼塘面积8~15亩,5月中下旬至6月中上旬放养鱼种,放养密度一般为2 000~3 500尾/亩,放养规格一般为60~160尾/千克,出塘卖鱼时间一般从10月开始,以统货销售为主,亩产量能达到1 000千克左右,饵料系数一般维持在0.9~1.1。

3. 南京地区蟹鲈混养模式

养殖实例:鱼塘面积为10亩,在每年2月投蟹苗300只/亩,3—4月投放经过驯化的大规格大口黑鲈鱼苗2 000尾/亩,商品鱼在9月或10月上市。亩均净利约为1.4万元。

（二）养殖技术要点

（1）培苗过程中应及时拉网分筛、分级饲养，使鱼苗个体生长均匀，避免互相残杀。

（2）驯食人工配合饲料时要有耐心，驯食的成功率保证在90％以上。

（3）同塘放养的鱼苗应规格整齐。

（4）与其他鱼类进行混养，混养初期主养品种规格要在"优鲈3号"规格的3倍以上。

第三章
大口黑鲈绿色高效养殖技术

第一节　苗种繁殖技术

一、亲鱼选择

在我国南方地区养殖的大口黑鲈性成熟年龄在 1 周龄左右，因而在大多数情况下秋天收获成鱼时，挑选个体重在 0.6 千克以上、体质健壮、无伤病的大口黑鲈作为预备亲鱼，选好后放入亲鱼池进行强化培育。应从有资质的良种场购买良种亲本用于繁殖鱼苗。如果是从养殖场购买亲本或者自己培育的亲鱼，为避免近亲繁殖，雌、雄亲本最好分别来自不同的养殖场，每天检查亲本的养殖情况，定期抽查亲本的性腺发育状况。

二、亲鱼培育

亲鱼通常采用专塘培育，选择面积为 3～10 亩的池塘作为亲鱼池，要求水深在 1.5 米左右、池底平坦、水源充足、水质良好，池水溶解氧量高、呈中性或微碱性，进排水方便。鱼池选好后，要清塘消毒，注入新水。每到年底收获成鱼时，挑选体质好、个体大、体色好、无损伤、无病害的大口黑鲈作为后备亲鱼，放入专池培育。每亩放养 400～600 尾，雌雄比例约为 1∶1。用冰鲜鱼或配合饲料投喂，每天上午及黄昏各投喂 1 次，每天投喂量为亲鱼体重的

3%～5%，以饱食为度。每隔一段时间可向池中放一些抱卵虾，让其繁殖幼虾供亲鱼捕食，使培育池中经常保持饵料充足，以满足亲鱼性腺发育对营养的需要。大口黑鲈不耐低溶解氧，易浮头，当池水水质变浓、透明度低于 20 厘米时，就须及时换注新水。闷热多雨季节，要经常增氧，因为亲鱼浮头会延缓性腺发育。冬季，亲鱼塘要定期冲注清水，保持水质清新，有利于性腺发育。另外，可适当混养少量的鲢、鳙，用于调节水质。产卵前 1 个月应适当减少投饵料，并每隔 2～3 天冲水 1～2 小时，促进亲鱼性腺发育成熟，必要时还要打开增氧机增氧。2 月开始，天气逐渐暖和，气温、水温不断升高，当水温达到适宜的繁殖水温 20℃左右时，亲鱼开始繁殖产卵。

三、人工催产

大口黑鲈繁殖通常是群体自然产卵，在自然水域或池塘养殖的条件下，到了生殖季节，大口黑鲈亲鱼一般都能性成熟，不需人工催产都能顺利地产卵排精，完成受精过程。但当需要有计划地使大口黑鲈产卵时，为达到同步产卵，会给亲鱼注射催产剂促使其集中产卵，增加同批次产卵量。如果在水泥池中培育亲本，大多数会采用人工催产，亲鱼对催产剂效应时间比较长而且不敏感。如果对大口黑鲈进行人工授精的话，要么挤不出卵来，要么挤出来的卵受精率极低，很难准确地把握产卵时间。目前有苗种场对池塘中培育的亲鱼进行人工催产，促进亲鱼提早产卵，尽早获得大口黑鲈鱼苗，赶早销售鱼苗。催产时，挑选雌雄个体大小相当者配对，比例为1：1。常用催产剂为促黄体素释放激素 A_2（LHRH-A_2）和地欧酮（DOM），混合使用。通常每千克雌鱼单独注射 5 微克 LHRH-A_2和 2 毫克 DOM，雄鱼则减半。视亲鱼的发育程度做一次性注射或分两次注射，两次注射的时间间隔为 24 小时，第一次注射量为总量的 50%，第二次注射余量，或者每千克体重增加 1 500 国际单位的绒毛膜促性腺激素（HCG）合并注射，注射方式为胸腔注射，注射部位为亲鱼胸鳍基部的无鳞凹陷处，注射时以针头朝鱼体前方与体轴呈 45°～60°角刺入，深度一般为 1 厘米左右，不宜过深，否则会伤及内脏（彩图 4）。一般成熟的亲鱼在催产第 3 天开始产卵。鱼巢可直接铺放在池塘四周浅水区，或用竹子悬挂固定使其保持在约 0.4 米的水深处。鱼巢可用棕榈皮制成，规格为 30 厘米×25 厘米左右。每天安排人员检查产卵情况，产卵后要每天安排人员将受精卵收集到水泥池进行孵化，捡卵时要轻步慢行，不能把塘水搅浑。连续 2 天没有发现卵的鱼巢要重新放置。

四、鱼苗孵化

（一）孵化设备

繁殖季节到来之前，要根据生产规模准备好产卵池。产卵池可分为两种：一种为水泥池，通常要求面积为 10 米^2 以上，水深 40 厘米左右，池壁四周每隔 1.5 米设置一个人工鱼巢。人工鱼巢可用棕榈皮（图 3-1，彩图 5）或尼龙网（彩图 6）等制成。尼龙网鱼巢是在粗铁丝框上缝上窗纱，规格一般为 50 厘米×40 厘米。棕榈皮鱼巢可直接放在池底，规格为 30 厘米×25 厘米左右。每 2～3 米^2 放入 1 对亲鱼。另一种为池塘，以沙质底斜坡边的土池比较理想，面积宜为 4～8 亩，水深 0.5～1.0 米，池边有一定的斜坡。池水的透明度为 25～30 厘米，溶解氧量充足，最好在 5 毫克/升以上。每亩可放亲鱼 200～300 对。鱼巢可直接铺放在浅水区或用竹子悬挂使其保持在约 0.4 米的水深处。产卵池（图 3-2）放入亲鱼之前需用药物彻底清塘除害。亲鱼入池后要保持池塘和周围环境相对安静。经过若干天后，就可发现池四周有雄鱼看护的鱼巢中黏附很多受精卵，把受精卵捞出洗净即可进行人工孵化（图 3-3，彩图 7）。

图 3-1　棕榈皮鱼巢

图 3-2　产卵池

图 3-3　孵化池

（二）孵化时间

大口黑鲈的催产效应时间较长，当水温为 18～23℃时，一般注射激素 3 天后开始发情产卵。开始时雄鱼不断用头部顶撞雌鱼腹部，当发情到达高潮时，雌雄鱼腹部相互紧贴，这时开始产卵受精。产过卵的雌鱼在附近静止片刻，雄鱼再次游近雌鱼，几经刺激，雌鱼又可发情产卵。大口黑鲈为多次产卵类型，在一个产卵池中，可连续数天见到亲鱼产卵。

在自然水域中，大口黑鲈繁殖有营巢护幼习性。雄鱼首先在水底较浅处挖成一个直径为 60～90 厘米、深为 3～5 厘米的巢。然后雄鱼引诱雌鱼入巢产卵，雄鱼同时排精。雌鱼产卵后便离开巢穴觅食，雄鱼则留在巢边守护受精卵，不让其他鱼接近。

大口黑鲈受精卵为球形，淡黄色，内有金黄色油球，卵径为 1.3～1.5 毫米，卵产入水中卵膜迅速吸水膨胀，呈黏性，黏附在鱼巢上。受精卵一般在水泥池中孵化，这样更有利于孵出的仔鱼规格整齐，避免相互残杀。孵化时要保持水质良好，溶解氧最好在 5 毫克/升以上，水深 0.4～0.6 米，避免阳光照射，有微流水或有增氧设备增加水中溶解氧能大大提高孵化率。在原池孵化培育的应将亲鱼全部捕出，以免其吞食鱼卵和鱼苗。大口黑鲈鱼苗见图 3-4、彩图 8。大口黑鲈人工繁殖过程中也会存在一些问题，应加以注意，具体如下：

1. 卵子受水霉感染

2 月上旬至 3 月下旬这段时间天气变化频繁，卵子会因遇寒流水温突然降低而引起水霉感染。另外，水质不好、鱼巢未彻底消毒也是原因之一。在水泥池中集中孵化时，鱼苗孵化出膜后会落入池底，此时最好将黏有卵膜的棕榈片从孵化池中取中，防止上面长满水霉，破坏水质。

2. 卵子完全不受精或受精率低

主要原因是亲鱼不够成熟或营养不足，卵子和精子质量差；雌雄个体大小悬殊，发情产卵时配合不佳；发情产卵时受外界干扰。

图 3-4　大口黑鲈鱼苗

（三）胚胎发育过程

大口黑鲈孵化时间与水温高低有关。水温为 17～19℃时，孵化出膜需 52 小时；水温为 18～21℃时需 45 小时；水温为 22～22.5℃时，则只需 31.5 小时。刚出膜的鱼苗半透明，长约 0.7 厘米，集群游动，出膜后第 3 天，卵黄被吸收完，就开始摄食。大口黑鲈胚胎发育时程和具体发育分期分别见表 3-1、图 3-5。

表 3-1　大口黑鲈胚胎发育时程

发育期	发育阶段	发育时间	发育分期 (图 3-5)
胚盘期	受精期	0	
	胚盘期	20 分钟	a
卵裂期	2 细胞期	43 分钟	b
	4 细胞期	52 分钟	c
	8 细胞期	1 小时 5 分钟	d
	16 细胞期	1 小时 19 分钟	e
	32 细胞期	1 小时 45 分钟	f

（续）

发育期	发育阶段	发育时间	发育分期（图 3-5）
囊胚期	64 细胞期（囊胚早期）	2 小时 10 分钟	g
	128 细胞期（囊胚早期）	2 小时 30 分钟	h
	囊胚中期	3 小时 44 分钟	i
	囊胚晚期	6 小时 21 分钟	j
原肠期	原肠早期	7 小时 45 分钟	k
	原肠中期	10 小时 29 分钟	l
	原肠晚期	11 小时 28 分钟	m
神经胚期	神经胚期	12 小时 13 分钟	n
	胚孔封闭期	12 小时 33 分钟	o
体节出现及尾芽期	体节出现期	16 小时 11 分钟	p
	眼基期	16 小时 35 分钟	q
	尾芽期	17 小时 37 分钟	r
器官形成期	眼囊出现期	18 小时 30 分钟	s
	晶体出现期	23 小时 1 分钟	t
	肌肉效应期	23 小时 41 分钟	u
	心脏出现期	24 小时 6 分钟	v
	心跳期	26 小时 40 分钟	w
出膜期	出膜期	38 小时	x

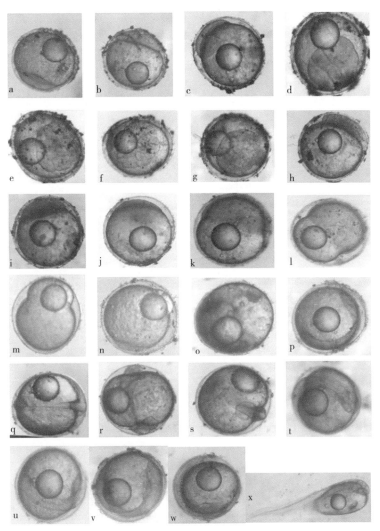

图 3-5 大口黑鲈胚胎发育分期

a. 胚盘期 b. 2 细胞期 c. 4 细胞期 d. 8 细胞期 e. 16 细胞期 f. 32 细胞期
g. 64 细胞期（囊胚早期） h. 128 细胞期（囊胚早期） i. 囊胚中期
j. 囊胚晚期 k. 原肠早期 l. 原肠中期 m. 原肠晚期 n. 神经胚期
o. 胚孔封闭期 p. 体节出现期 q. 眼基期 r. 尾芽期 s. 眼囊出现期
t. 晶体出现期 u. 肌肉效应期 v. 心脏出现期 w. 心跳期 x. 出膜期

五、大口黑鲈反季节繁殖技术

(一)大口黑鲈亲鱼挑选及培育条件

挑选体质健壮的亲鱼,进行营养强化培育,采用大棚或室内能够调节温度的水池,配备微孔增氧,确保溶解氧充足、水温可在15～25℃进行调节。亲本培育池(图3-6)在使用之前要进行消毒,有净化设施,确保养殖用水符合标准。

图3-6 亲本培育池

(二)亲本营养强化

放入亲鱼后逐步调整培育池水温至25℃,使用人工配合饲料及冰鲜鱼(图3-7)搭配投喂进行亲本营养强化,饲料投喂至亲鱼不再抢食为止;每次投喂,先投饲料后投冰鲜鱼,确保亲鱼都

图3-7 人工配合饲料及冰鲜鱼

能吃饱，以满足亲鱼性腺发育对营养的要求。营养强化持续进行20天。

（三）低温刺激性腺发育启动

营养强化完成后，逐步降低培育水温，每天降低 1℃，直至水温降到 15℃，并维持 1 周，模拟越冬环境，以刺激亲鱼性腺启动发育。降温期间根据亲鱼摄食情况进行投喂。

（四）升温促进性腺快速发育

大口黑鲈性腺发育启动后，每天升温 0.5℃，当升温至 20℃时，亲鱼摄食量增大，维持水温在 20~22℃，继续强化投喂，此时亲鱼性腺快速发育。继续培育约 30 天，亲本性腺接近成熟，此时可以注射激素进行催产。

此种方法能打破季节限制，实现大口黑鲈在任何季节的繁殖。产卵后培育过程与普通大口黑鲈大规格苗种培育一致，低温季节必须在温室内进行，以确保苗种的成活率和生长速度，这样在春季就能获得大规格早苗进行放养，实现提早上市。

第二节　池塘育苗技术

鱼苗培育阶段是大口黑鲈整个养殖中难度最大、技术性最强的阶段，其中关键环节是驯化，决定着养殖能否成功。驯化好的话可提高鱼苗的成活率，加快鱼苗的生长速度，为后期养殖奠定好的基础。大口黑鲈鱼苗孵出后第 3 天，卵黄囊消失，即摄食浮游生物，便进入鱼苗培育阶段。常规的鱼苗培育主要在池塘中进行。由于室外土塘受自然环境因素影响很大，一旦受到严重的自然灾害影响，损失将无法估量。此外，土塘病原种类多，苗期发病较为频繁，药物处理难度大，疫病难以控制。近年来，越来越多的苗种场采用室内水泥池培育鱼苗，有的采用工厂化循环水养殖车间培育鱼种。下面就池塘育苗中的主要技术环节进行详细介绍。

一、池塘条件

成鱼养殖池塘培育大口黑鲈"水花"是常见方式，池塘水深1.0～1.8米，水源充足，水质好，不受污染，面积宜小不宜大。经过多年养殖或者淤泥很厚的鱼塘首先要进行清淤和晒塘。鱼的排泄物、残饵和生物尸体等有机物沉积池底，加上池中的有机碎屑、死亡的藻类、枯死的水草和沉积的泥沙等，会造成池底老化，池塘越来越浅。这些污染源若不及时清除，随着养殖时间的延长和水温的不断升高，便加速分解，既消耗池塘中的溶解氧，又产生各种有害物质。清淤的最好方法是用推土机将塘底过厚的淤泥推走，这样既能把池底污物推走，起除污作用，又能加大水深，增加放苗量，增加产量。晒塘是指在每年养完大口黑鲈后，把池塘水排干或抽干，让池底暴晒龟裂、发白。这样可杀死部分病原体，并可改良底质。沙质底池塘，经过烈日暴晒可发烫，人赤脚在池底走感到烫脚，则效果很好。晒塘效果会对肥水（培养轮虫、枝角类和桡虫类等饵料生物）产生重大影响。如果池塘底质是泥质，晒塘彻底后，肥水时培养的水色呈茶色，以硅藻为主；而不晒塘或存有积水的鱼塘，培养的水色是绿色，以绿藻为主。而茶色水比绿色水更好，特别是养殖前期。在清淤和晒塘过程中，应同时做好池塘的堵漏、堤坝的维修、闸门的安装和检修工作。

二、放苗前准备

（一）清塘

清塘是指在放苗前，利用药物杀死池中的敌害生物、病原体（病毒、病菌）和各种寄生虫等。清塘时间由放苗时间决定，清塘时间在放苗前10～15天最好。清塘药物以成本低、效果好、操作方便为原则。常用药物是茶麸和敌百虫。茶麸的使用量为 20 千克/亩，敌百虫的使用量为 1 千克/亩。水深以 10 厘米最佳，以刚把池塘底全部淹没为宜，如果池塘不平坦，应适当加深些。

湿法清塘。如果是使用茶麸和敌百虫清塘，先计算好两者的用量，然后把茶麸倒到船上加水溶解，随后将敌百虫捣碎，加水溶解，并倒到船上，与茶麸混合搅匀，即配即洒。尽量选择晴朗天气，以提高药效。清塘后要检查药效。有的养殖户贪便宜，可能买到伪劣产品，不能把鱼虾等敌害生物杀死。出现这种情况的，应重新购买优质产品，重新清塘。一般情况下，使用茶麸和敌百虫，在施药 30 分钟左右，鱼虾等敌害生物即出现异常现象：浮头、游塘，继而死亡，这表明清塘成功。如果在 24 小时后，仍发现有鱼虾正常个体，则表明清塘失败，要重新清塘。用茶麸和敌百虫清塘时，池水不要排走。茶麸和敌百虫的失效时间是 3～5 天。有的养殖户怕茶麸和敌百虫有毒，影响鱼生长，便把这些池水排走，再进新鲜水，这是多余的，因为茶麸溶液有肥水作用，可减少肥水用的肥料，节约成本。

（二）肥水

肥水的主要目的是为鱼苗提供饵料，肥水时间取决于放苗时间，放苗时间取决于水温。要统筹安排放苗时间、清塘时间、肥水时间，并留有余地。肥水应在放苗前 15 天左右、清塘后 2～3 天进行。肥水物质以完全溶解于水、没有余留为原则。目前，市面上肥水物质众多，效果也不同。使用花生麸肥水，每天每亩水面使用 5 千克，将花生麸放入桶中加水（浸泡成糊状），加 EM 菌（按花生麸重量的 5% 使用），密封后发酵 1～2 天再全池泼洒。尿素和过磷酸钙也是良好的肥水剂，使用方便，价格适宜。用鸡粪肥水的鱼塘，鸡粪残留在池塘，留下隐患，会污染底质和水质。肥水后良好的水色是黄褐色、褐色和绿色，透明度为 10～20 厘米。

肥水方法：在未肥水前，必须准确了解天气状况，选择在有阳光的上午进行，雨天不能施肥。一次把池水进到 1.5 米左右，一次

性肥水。肥水时，肥料泼洒越均匀越好。为此，在溶解肥料时，尽可能多地加水稀释，这有利于均匀泼洒。通常在施肥后6~8小时池水已开始变色，透明度开始降低，24小时后水色变化非常明显，48小时后可达到预期效果。如果池塘晒得好，没有积水，水色通常呈黄褐色，以硅藻为主；如果池塘有积水，特别是近沿海地区，池水无法排干或晒干，水色常呈绿色。

（三）水质检测

放苗前必须进行水质检测。放苗前1天用小容器取鱼塘中层水，放入小鱼苗，若24小时后没有死亡，则水体毒性已消失，可放苗；否则，应解毒后再测试。检测水质的适宜指标为：pH为7.0~8.5，氨氮浓度小于0.8毫克/升，亚硝酸盐浓度小于0.05毫克/升，中层溶解氧不低于5毫克/升，底部溶解氧不低于4毫克/升，若不符合标准，应调整后再投苗。

（四）增氧

增氧机的准备。大口黑鲈喜欢动态的环境，特别是在摄食时饲料动起来对其会更有吸引力。选用增氧机时以叶轮式为主，如果配合使用涌浪机和水车则效果更好。在养殖中后期保持1~1.5台/亩，白天开一半，晚上全开。

如果池塘面积偏大，驯食饲料前往往先在池塘中设置围网，鱼苗捕起来后放在围网中进行驯化。应选择在投料位置处用密网围出一定的面积，具体大小可根据鱼的数量酌情调整，底部用泥封好，不能有破损。

（五）试水

试水是指在放苗前，把鱼苗场培育的鱼苗拿回养殖池或标粗池，试验鱼苗生长状况和水质状况。若试验结果显示在24小时内或更长时间鱼苗生长正常，则可以放苗。试水可采取两种方式进行，一种是在养殖池或标粗池内建一个0.5米×0.5米×1米的网箱，网目要 30～40 目；另一种是用一个大盆，放少许鱼苗，放苗密度尽可能疏。如果育苗池与养殖池距离很远，如相隔几百千米，甚至是上千千米空运，取鱼苗试水则不现实，则可在当地取些小鱼试水，会取得相同效果。

三、放苗密度

放苗密度与养殖模式、养殖条件、养殖环境、管理水平等有关。一般鱼塘养殖条件好，设施齐全、管理水平也高，放苗密度比一般池高。每亩放养密度为 15 万～30 万尾，具体视鱼塘的肥瘦程度而定。

四、鱼苗下塘

何时放鱼苗，主要由温度决定，但由于各地的温度变化不同，应把温度与本地区实际情况结合起来，决定放苗时间。为此，应在保证鱼苗安全的前提下，安排放苗时间。如果单纯从水温来说，以水温稳定在 20℃ 以上最好。放苗时间应避开容易发病的季节，也应考虑养出来的鱼能卖到好价钱。提早放苗的话，大口黑鲈头批鱼一般价格较好。建议根据具体实际养殖情况、技术水平、管理经验等来确定养殖模式以及放苗时间。

鱼苗运到塘头后，把鱼苗袋放在设定的放苗地点浸泡 30 分钟左右，然后用水温计测定鱼苗袋内水温与池塘水温，当两者水温温差相近或相同时，即可放苗。两者温差不能超过 2℃。鱼苗下塘前几分钟，泼洒维生素 C 和葡萄糖，以提高鱼苗适应新环境的能力。放苗时，先把袋口解开，让池塘水慢慢流入鱼苗袋内，然后轻轻提起袋角，让鱼苗自由游入鱼塘，这个动作重复几次。健康的鱼苗放入鱼塘后，立即潜入水中，不见踪影。如果是不正常鱼苗，会浮头游塘，遇到这种情况，要检查成活率，并做好补苗的准备。

五、鱼苗驯化

大口黑鲈开口饵料是池塘中肥水培育的浮游生物，一般摄食时间为 2 周左右。若浮游生物量少，饵料不够，鱼苗会沿塘边游走，此时需从其他肥水池塘中捞取浮游生物来投喂。待鱼苗体长为 1.5 厘米以上时，开始转入驯化阶段，使其摄食配合饲料。驯食前 1 天，将鱼苗集中转入池塘边缘面积为 15～100 米² 的网围中进行驯化摄食配合饲料（图 3-8）。

图 3-8 鱼苗驯化池塘

驯食方法：设定 1 个投喂点，在投喂点架设潜水泵，驯食时打开泵进行冲水（图 3-9、图 3-10），使鱼苗形成定点定时摄食的条件反射。第 1 天全天投喂从池塘中捕捞的浮游生物（主要为轮虫、枝角类和桡足类等）；第 2 天将捞取的浮游生物与配合饲料按重量比 5∶1 搅拌均匀后进行投喂；第 3 天将浮游生物与配合饲料的重量比减少到 1∶1 并搅拌均匀后进行投喂；第 4 天和第 5 天将浮游生物与配合饲料的重量比例减少到 1∶3 并搅拌均匀后进行投喂；第 6 天后投喂配合饲料中不再添加浮游生物。每天驯化时间需达 8 小时左右，驯食周期为 5～10 天，待鱼苗全部到投喂点摄食为宜（图 3-11）。

图 3-9　驯化时冲水

图 3-10　鱼苗驯化场景

鱼苗集群
摄食

图 3-11　驯化时鱼苗集群摄食

45

　　如果鱼苗驯化池塘面积偏小，建议可以在鱼苗下塘池塘中直接驯化，不需要再单独在池塘中设置围网，等下塘的鱼苗摄食完池塘中的浮游生物之后，立即补充投喂冰冻的虫卵。具体方法为：在池塘中挂一个筛子，将冰冻的虫卵快速放在筛子中（图3-12、图3-13），慢慢融化的虫卵进入水中，这时候就会吸引成群的鱼苗过来摄食，不仅可以保障鱼苗饱食，而且还可防止鱼苗因饥饿而互相残杀，提高鱼苗的成活率，促使鱼苗在固定的摄食点摄食，便于驯化配合饲料时使鱼苗集中过来摄食，形成条件反射。

鱼苗摄食
冰冻虫卵

图 3-12　冰冻虫卵

图 3-13　鱼苗培育池塘中放置的冰冻虫卵

六、过筛分级

驯食成功后每天早晚各投喂 1 次，按照鱼体总重量的一定比例（3%～12%）进行饲料投喂。投喂的饲料要适口，饲料颗粒大小应根据鱼苗的规格实时调整。进入鱼苗培育阶段，池塘面积适宜为 3～5 亩，水深 1～1.5 米，排灌方便，溶解氧充足。清塘消毒后每亩水面放 3 厘米左右夏花鱼苗 3 万～4 万尾，鱼苗长至 5 厘米时，放养密度适宜为 1.2 万尾，而 10 厘米左右的鱼苗放养密度适宜为 5 000～6 000 尾。实践证明，采用分规格过筛稀疏养殖密度的培育方法是提高大口黑鲈鱼苗成活率的重要措施。鱼苗体长规格达到 8 厘米之前，互相残杀最严重，应根据鱼苗的生长情况用鱼筛及时进行分级，每 7 天拉网过筛 1 次，将大小规格相差较大的鱼苗分开、规格相近的鱼苗集中饲养，过筛后水体及时消毒，预防擦伤感染。待鱼苗规格达到 8～10 厘米即可分塘养殖商品鱼。

七、日常管理

（一）分期向鱼塘注水

鱼苗饲养过程中分期向鱼塘注水是提高鱼苗生长率和成活率的有效措施。一般每 5～7 天注水 1 次，每次注水 10 天左右，直到较理想的水位，以后再根据天气和水质，适当更换部分池水。注水时在注水口用密网过滤野鱼和害虫。同时，要避免水流直接冲入池底把池水搅浑，应将一块防水膜放在抽水管的出水口下面。

（二）避免自相残杀

大口黑鲈弱肉强食、自相残杀的情况比较严重，生长过程中又易出现个体大小分化，当饵料不足时，更易出现大鱼食小鱼的情况，因此要做到以下几点：

（1）同塘放养的鱼苗应是同一批次孵化的鱼苗，以保证鱼苗规格比较整齐。

（2）培苗过程中应及时拉网分筛、分级饲养，特别是南方地区，放苗密度高，需要过筛的次数也多。当鱼苗长到 3 厘米左右，鳞片较完整时，就要拉网捕起分筛，分为大、中、小 3 级（彩图 9、彩图 10）。

（3）定时、定量投喂，保证供给足够的饵料，以保证全部鱼苗均能吃饱。大口黑鲈食欲旺盛，幼鱼日摄食量可达自身体重的 50%，必须定时、定量投喂，使鱼苗个体生长均匀，减少自相残杀，提高成活率。

（三）巡塘

坚持在黎明、中午和傍晚巡塘，观察池鱼活动情况和水色、水质变化情况，发现问题及时采取措施。

第三节　室内车间育苗技术

一、蓄水塘中水的处理

培育鱼苗前需要对蓄水塘中的水进行净化处理，用于车间水泥池培育鱼苗所用。进水最好是选择在晴天从江边抽水，用 60 目的过滤网袋将进水口套住，以防野杂鱼进入蓄水塘。进水后选择在傍晚时用漂白粉 10 毫克/升（或者其他氯制剂）全塘泼洒并且开启增氧机（如在棚内则需要通风透气），翌日再用生石灰 20 毫克/升（春夏季加茶麸 20 毫克/升，冬季不加茶麸）全塘泼洒，并且曝气增氧（第 2 天）。泼完生石灰 48 小时后使用有机酸（2 毫克/升）全塘泼洒进行水体解毒，继续曝气增氧。解完毒 20 小时后用碳酸氢钠（10 毫克/升）全塘泼洒，然后视水质情况选择光合菌、EM菌、菌砖、芽孢杆菌、乳酸菌、有机酸等其中的一种或多种混合适量使用（菌种与活力碳提前混合泼洒），视天气情况，最好 7～10 天补充 1 次，曝气备用。

二、放苗前的车间准备工作

清洗育苗池：拆除所有的气管、气石、纳米盘，用浸有洁精溶液的毛巾擦洗干净。用洗洁精溶液泼洒育苗池全池（池壁和池底），先用拖把擦洗一遍，再用菜瓜布或浸满洗洁精溶液毛巾，将池壁、池底、加温管擦洗干净。最后再用清水将池子和走道冲干净；下班前用甲醛 100 毫升兑一桶 15～20 升的水，然后沿池壁池底均匀泼洒，晾干备用（图 3-14 至图 3-16）。

图 3-14 育苗车间（1）

图 3-15 育苗车间（2）

图 3-16　育苗车间（3）

进水：一般每个池进水 35 厘米，持续曝气 20 小时后放水花，进水的池数视水花总量而定。水质指标：pH 7.5 左右，氨氮 0.2 毫克/升以下，亚硝酸盐 0.05 毫克/升以下。

打底：放苗前 30 分钟到 1 小时将维生素 C（1 毫克/升）和葡萄糖（5 毫克/升）充分溶解后全池泼洒并曝气。

三、放水花

先测量水温，温度保持在比水花的装袋温度高 3℃以内。把运回来的水花放到放苗池停留 10～20 分钟，等袋内水温与苗池水温一致后解开苗袋把水花缓慢放入池中，放出来的水花如果成堆的话，则需要用轻微的搅水方式使水花分散开。放苗密度为每立方米 15 万～20 万尾。

四、鱼苗开口阶段

鱼苗开口阶段分为摄食丰年虫阶段和摄食冻虫阶段。具体情况如下：

1. 摄食丰年虫阶段

自己培育丰年虫，摄食时间约为 3 天。

温度控制：放苗后升温的速度每天不超过3℃，升到30℃后保持，要求在±1℃浮动。

第1天，丰年虫投喂量按水花体重的30%～50%，分5～6餐投喂。

第2天，丰年虫投喂量比前1天增加20%，下午加水5厘米。

第3天，丰年虫投喂量比前1天增加20%，下午加水10厘米，加水后泼洒EM菌或乳酸菌。

2. 摄食冻虫阶段

第1天，丰年虫投喂量保持不变，工作时间按4餐投喂，其他时间段以驯食冻虫为主。

第2天，丰年虫投喂量减少20%，尽量以驯食冻虫为主。

第3天，丰年虫投喂量再减少20%，尽量以驯食冻虫为主，正常的话有50%的鱼苗可以吃冻虫，吸污后转池。转池时抽样测量鱼苗体重，不需要过筛分规格。

第4天，丰年虫投喂量减少50%，下午下班前投喂，全部鱼苗都可以吃冻虫吃得很饱。

五、驯化摄食配合饲料

鱼苗开口10天后可以驯食配合饲料，第1天停喂丰年虫，以喂冻虫为主，可以适当地驯食一点粉状饲料。第2天以投喂冻虫为主，继续驯食粉状饲料。第3天以投喂冻虫为主，继续驯食粉状饲料，正常情况下会有一半的鱼苗会吃粉状饲料。第4天开始冻虫逐步减量，尽量以喂粉状饲料为主。正常情况下第7天可以停喂冻虫，鱼苗全部可以吃粉状饲料。根据鱼苗生长情况适时过筛、分稀并转膨化饲料，正常经30天培育可达到0.5～1克/尾。

鱼苗摄食配合
饲料（1）

鱼苗摄食配合
饲料（2）

六、日常管理

为了保持水质清新，达到鱼苗的正常摄食和生长，鱼苗池的日常换水工作是必不可少的。

1. 检查温度

首先必须检查鱼苗池和备用水的温度是否接近，尽量不要超过 3℃。

2. 检查排水的工具

在排水之前需要检查好排水网箱和排水管是否有破洞，以防鱼苗被排出池外。

3. 苗池排水

在排水前还要检查池子里是否还有未吃完的丰年虫，如果还有，就要等鱼吃完后再排水，或者是错开排水的时间点，安排在投喂丰年虫之前进行排水，以减少饵料浪费。

4. 加水

苗池的水排到指定的水位后，就需要尽快用同温度的水加回到原来的水位上，千万不能水位排低后长时间不加水，这样容易造成鱼苗浮头或出现其他问题。加完水之后要检查插管是否漏水以及氧气含量是否正常。

5. 检查鱼苗状态

新水加入苗池后，相当于给鱼苗换了环境，所以加水 30 分钟后要巡查一下鱼苗的摄食和活动状况是否正常。如果发现异常应马上采取相应的方法处理。

七、鱼苗出池销售

1. 出苗前 1 天的准备

（1）检查电子秤是否有电，盆、桶、筛、吊水池等工具是否完好齐全。

（2）公布翌日出苗信息。

（3）确认鱼苗的各项指标合格，安排出苗批次顺序。

（4）确认客户是否过来提苗。

（5）打扫、整理好苗棚，将待出的鱼苗转到出苗池吊水。

（6）出苗前1天下午开始停料和降温。

2. 出苗用水准备

（1）出苗前1~2天，必须把出苗用水准备好，用处理好的淡水在固定池子中调配出苗水。

（2）温度控制。出苗水必须与吊水池的温度一致，室外自然水温超过25℃时，出苗用水水温与室外自然水温相比需要降低2~3℃；若室外水温低于23℃，出苗用水水温可以与外界水温一致或稍低。

3. 出苗流程

（1）苗车装水。苗车到场里后先将苗车清洗干净、消毒，然后将前1天准备好的水用水泵抽到车厢里。

（2）检查氧气。装完水之后第一时间打开氧气罐，在鱼苗装车前一定到车上再次检查氧气含量是否符合要求。

（3）提高鱼苗抗应激能力。上苗前将维生素C（1毫克/升）泼入水体以提高鱼苗的抗应激能力。

（4）打规格。将吊水池的鱼苗取1~3千克过秤后清点数量，打规格时最好让客户一起参与，规格数据出来之后按计数规格称重装车。

（5）鱼苗装车。把吊水池斗池里适量的鱼苗轻柔快速地赶到斗池的一端，然后用易漏水的筛篮或箩筐视鱼苗的规格一次将2~5千克鱼苗舀到过磅处的盆中，等计数人员读数后再迅速将鱼苗传递上车。

（6）发车检查。发车前还需要再次到车上检查水中的氧气以及鱼苗活动状况是否都正常，鱼苗没有异常后可放行。

（7）鱼苗跟踪。鱼苗发车后需要预估到达的时间，到达后一两个小时内最好与客户联系问一下鱼苗的状态。

八、车间常见病害防治

1. 水霉病防治

水体水霉较多，大口黑鲈鱼苗一旦搬动过筛则会因损伤造成水霉病发生，一旦暴发则很难控制住。可采取以下方法进行防治：用有效氯1毫克/升进行消毒处理或渔用复合亚氯酸钠（俗称塘毒清）10毫克/升进行消毒处理（溶解后投放在曝气盘上任药物自由扩散）。

2. 寄生虫病害防治

对于寄生虫用有效氯 10 克/米^3 即可杀灭，对于虫卵则先用 150～200 目筛网将水过滤至蓄水池，然后再用 300 目筛网过滤至车间苗池。利用过滤方法基本上可避免寄生虫虫卵随水体进入车间。

3. 内服保健

采用海潼鱼苗专用饲料＋乳酸菌＋保肝类产品进行投喂，主要作用为保肝健肠。

第四节　工厂化循环水养殖技术

工厂化循环水养殖系统（英文简称 RAS）是 20 世纪六七十年代在欧洲出现的一种新型养殖模式。经几十年的发展，现已发展完善成一种集生物工程、流体力学、生物化学、水产养殖、互联网等于一体的智能化水产养殖控制系统。与传统鱼塘或网箱养殖相比，工厂化循环水养殖具有不可比拟的优势。其利用先进的水处理手段保证养殖水质清洁，从源头隔绝重金属及其他有害物质。养殖水体温度、溶解氧、pH 等可调，有利于水产动物健康生长，无需添加抗生素。室内养殖环境智能调节，水产动物生长不受天气、季节等因素影响，产量稳定。经水流调节养殖，水产动物游动更加充分，肉质比野生鱼更结实细腻，口感更佳。对水产动物养殖全过程进行跟踪记录，身份、批次、饲养记录等信息可溯可查。

工厂化循环水养殖技术的核心是一套根据特定鱼种设计的水处理系统。工厂化生产包括水体净化、水质监控、流水鱼池、生物，以及配合饵料、水电气一体化的生产体系，它是集工厂化、机械化、信息化、自动化于一体的现代化水产养殖系统。该系统由机械过滤设备、生物过滤设备、臭氧反应设备、增氧设备、温控设备和紫外线杀菌设备及水质自动在线监测控制设备组成。系统通过机械过滤设备除去养殖水体中 30 微米以上的残余固体颗粒；生物过滤设备通过生物膜过滤技术（BioMagic 生物污水处理剂），对养殖水体脱氮/释气，将危害性非常大的氨氮、亚硝酸盐等物质进行高效生物降解，并把 H_2S 等有害气体排出；臭氧反应设备杀死水中的细菌和其他病原微生物、除臭、氧化水体中金属离子和分离溶解性蛋白质；增氧设备利用溶氧机将纯氧溶入水体中，提高养殖水体溶解氧浓度；温控设备按不同鱼类的生长水温对水体进行调整控制；在水经过循环后重新进入养殖系统前，再进行紫外线杀菌以确保水的纯净度。水质自动在线监测控制设备能实现水处理全过程的温度、溶解氧、氧化还原电位、pH 和盐度等指标的全自动在线监测报警及全自动控制，可满足生产高效、低耗及人员操作安全等要求。

所有水产动物在孵化、育苗、养殖、净化、隔离阶段都会受到实时监控。将在各阶段监控点上收集的温度、溶解氧、pH 等数据即时返到控制电脑上，系统将根据数据的变化自动调节相关设备，或报告相关人员以尽快做出反应，从而达到设定的最佳值，保证系统在最佳状态下运行。

在养殖过程中，定期对鱼进行分池，使得每池鱼的大小基本相同，在分池过程中系统会对鱼自动计重计数，使得每池鱼的总重量基本相同，并据此设定自动投料机的最佳投料量，这些原始数据全部采集到系统中，在下次分池时能准确计算出每池鱼的食料量、增

55

长率，以协助养殖者做出最合适的管理决策。

一、工厂化循环水养殖系统

（一）机械过滤设备

滚筒微滤机具有全自动设计、及时自动反冲洗的特点，可以在最短的时间内将有机物从循环水系统中分离出来。如果现场条件允许，最好配合沉淀池使用。

（二）生物过滤设备

大口黑鲈从水花到寸苗期间，水中氨氮和亚硝酸盐的含量不能过高，因为幼体对这些有毒物质的敏感度较高。如果氨氮和亚硝酸盐超标，则会造成鱼苗不进食甚至缺氧死亡。因此，搭配生物过滤设备十分必要。生物过滤设备不仅需要水温、溶解氧和 pH 的配合，而且还需要物理过滤作基础。第一时间将鱼苗的粪便、残饵等有机物从水中分离出来，是减轻生物过滤设备负载的关键。

（三）增氧设备

工厂化水产养殖水体中需要有大量的氧气，鱼类的生理活动需要氧气，每吨鱼每天消耗 3 千克氧气，微生物转化氨氮需要氧，如果每吨鱼每天排出 1 千克氨氮，则要消耗 4.75 千克氧，因此养殖系统每天直接间接消耗 7.57 千克以上氧气。所以持续不断地为鱼类和微生物提供充足的溶解氧是水体循环处理系统正常运行的必要条件。国外研究表明，为了鱼类最快地生长，溶解氧参数应该保持在水体溶解氧饱和度 60% 以上，或浓度高于 5 毫克/升。当溶解氧浓度在 2 毫克/升以下，硝化细菌就无效了。物理增氧方式主要有以下 3 种：机械式增氧、纯氧和富氧增氧、超级氧化增氧。国外成规模的养鱼工厂采用纯氧与富氧增氧。通过气液接触式增氧设备将含氧 99% 的液态纯氧注入养殖水体中，可使水体溶解氧达到超饱和，大大增加溶氧量。

（四）温控设备

不同鱼类有着不同的适宜生长温度，在最佳温度下，鱼类生长得快、饲料转化效率高、体质强壮、抵抗鱼病的能力强。微生物转化氨氮的效率也与温度有关系，过低的温度会影响氨氮转化效率。加温设备主要应对棚内温度较低时的状况，主要设备是热泵恒温机（图3-17）。其从空气中攫取热量对水体进行加热，输入1°电产生的能量，可以输出3°～6°电产生的能量，是一种十分节能的加热设备，在夏天还可以作冷

图 3-17　热泵恒温机

水机使用。在大棚和鱼池保温措施得当的情况下，热泵恒温机并不是 24 小时工作的。它只是补充水体蒸发、鱼池散热等散失的热量。

（五）紫外线灯杀菌设备

鱼苗标粗期间，防病是一个重要环节。控制致病微生物的浓度，可以使用紫外线灯杀菌设备。管道式紫外线杀菌器只针对通过它的水流进行杀菌，无任何有害残留物。配合生物过滤设备培养益生菌，可以将致病菌、病毒等浓度降到极低水平，大幅降低鱼苗发病的概率。

二、工厂化循环水车间育苗与传统土塘育苗比较

在自然环境因素影响方面，传统土塘因在室外受自然环境因素影响很大；工厂化循环水车间育苗由于在室内，各种条件因素均在可控范围内，自然灾害对车间生产影响很小。在病害方面，工厂化

循环水车间中相对封闭的养殖空间能有效地隔离病害和控制病原入侵，大大降低了养殖过程中病害暴发的风险。两者在多个方面的比较情况见表3-2。

表3-2　工厂化循环水车间育苗与传统土塘育苗的比较

类别	工厂化循环水车间	传统土塘
成活率	高	难以控制
条件可控性	高	低
劳动生产力	劳动强度小，劳动生产率高	劳动强度大，且劳动生产率不稳定
占地面积	小	大
经济效益	经济效益高，且低碳环保	效益不稳定，且消耗资源大

　　大口黑鲈传统育苗以土塘为主，从水花下塘到10朝规格（5厘米）鱼种大概持续2个月，对养殖的管理要求非常精细，且受天气影响大、可控性差、病害多发等，致使土塘育苗成活率低下（10%～20%）。近年来，华南和华东地区在春季进行大口黑鲈育苗的结果都不太理想，主要是受雨水和气温骤变的影响，导致病害暴发。目前，引起鱼苗死亡的最严重的疾病是行业内所说的"熟身病"，主要在驯食阶段暴发。"熟身病"的初期症状为鱼苗体色泛白，像被煮熟的样子，随着病情的发展，会出现白尾烂尾症状。该病感染性强、死亡快、死亡率高。也有部分池塘呈慢性感染，感染率不高，但发病周期长，陆续死亡，损耗率也较大。育苗期的其他病害对苗种也会造成大的损耗，总体育苗的成活率低。

图3-18　工厂化循环水系统培育大口黑鲈鱼苗（1）

　　相比传统土塘育苗，工厂化循环水育苗具有可控性强、喂料方便、成活率较高等优势，育苗成活率可达 40％～50％，但成本比土塘要高。近年来，一些鱼苗场开始尝试摸索工厂化循环水培育大口黑鲈鱼苗技术（图 3-18 至图 3-20），育苗技术将会越来越成熟，工厂化循环水标粗将是今后大口黑鲈育苗的发展趋势。

图 3-19 工厂化循环水系统培育大口黑鲈鱼苗（2）

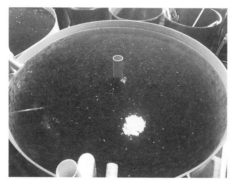

图 3-20 工厂化循环水系统培育大口黑鲈鱼苗（3）

工厂化循环水系统培育
大口黑鲈鱼苗（1）

工厂化循环水系统培育
大口黑鲈鱼苗（2）

三、主要技术环节

1. 温度恒定

在育苗生产过程中需要使水温保持在大口黑鲈最合适的生长温度，持续稳定的水温才能保障鱼体相对恒定的温度。在一年四季循环的设备中，水温直接影响鱼的养殖密度。在一般情况下，工厂化循环水养殖鱼池选择直接抽水，并且使温度不要超过40℃。

2. 控制病菌

大口黑鲈的养殖一般都采用高养殖密度，有效控制基本的病害是必需的。先将鱼苗放入暂养系统中，然后对循环水系统中主要病害进行检测，在确保安全的情况下才能将鱼苗放入循环水系统中。

3. 水质稳定

测定池水中钙镁离子含量，如果不在合理范围内，调高盐度或使用补钙镁的产品调节。测定氨氮、亚硝酸盐、pH是否在合理范围内。通常情况下，利用水质仪表来测量pH、盐度以及温度。测试符合要求，才能开始放苗。如果水体中氨氮或亚硝酸盐含量过高，则适量控制饲料的投喂量，然后更换部分新鲜水，每次更换10%～20%，并增加循环系统的水量或循环次数。

第五节　大口黑鲈成鱼养殖技术

一、池塘精养

（一）池塘条件

目前，我国大口黑鲈养殖以池塘精养为主，池塘面积以3～10亩为宜，水深1.5～3.5米（彩图11）。要求水源充足，无污染源，水质良好，排灌、管理方便，池底淤泥少，壤土底质，上覆一层细碎砂石。由于广东佛山大部分大口黑鲈养殖是高密度养殖，每亩配备功率为 1.5 千瓦的增氧机 1 台和抽水机械。注、排水要求分开，并设置密网过滤和防逃，若经常有微流水，养殖效果更佳。鱼种放养前 20～30 天排干池水，充分暴晒池底，然后注水 6～8 厘米，每亩撒 75～100 千克生石灰进行全池消毒，池塘消毒后 1 周（彩图 12），再灌水 60～80 厘米，培养水质。5～7 天后，经放鱼试水证明无毒性后，方可放养 10 厘米左右规格的大口黑鲈鱼种。

（二）鱼种放养

当水温 18℃以上时即可放养大口黑鲈鱼种，放养规格以当年繁殖培育的体质健壮、无病无伤的 10 厘米夏花鱼种比较适宜，规格力求整齐，避免大小差异悬殊，可减少或避免大鱼吃小鱼现象，且一次放足。放养数量依据养殖地区不同而不同，广东地区的亩放养数量为 6 000～10 000 尾（10 厘米鱼种）；而华中、华东和西南地区的放养数量为 2 000～4 000 尾，同时适量放养 150～200 尾大规格鲢、鳙等，以清除池塘中大量浮游生物和底栖生物，净化水质和摄取残饵，并能增加产量、提高养殖效益。鱼种下塘时，须按每立方米水体用福尔马林 80 克，或 3％食盐溶液浸泡鱼体 5～10 分钟，以杀灭寄生虫和病菌。

（三）饲料投喂

大口黑鲈饲料为人工配合饲料，饲料要求蛋白质含量达到 45％左右。鱼种期日投喂配合饲料的量为饲养鱼总体重的 4％～8％，成鱼养殖阶段则为 1％～3％（表 3-3）。如果是已驯化好的鱼种，则基本上不需要再次在鱼塘中进行驯化，在池塘边设置固定的饵料台，直接投喂配合饲料吸引大口黑鲈集中摄食。每天分别于 6：00 及 17：00 投喂。因大口黑鲈的掠食天性，对运动的物体非常敏感，所以采取抛投法投饵，以增加饲料在水中的运动时间和大口黑鲈捕食机会。每次喂食 40～60 分钟，最后大口黑鲈由群起抢食改为零散几尾鱼上来吃食时，表明鱼已达 9 成饱，可结束本次投喂。饲料投喂要做到定时、定位、定量、定质，并视天气、水温和鱼的摄食等情况灵活掌握和调整。

表3-3 大口黑鲈日常投饵率

规格（克）	0.05	0.1	0.33～1	3.33～10	25～100	100～300	＞300
投饵率	8%～12%	8%～10%	6%～8%	4%～6%	2%～4%	1%～2%	1%左右

（四）日常管理

大口黑鲈放养初期，由于水温偏低，池塘水位可以浅一些，以便升温。7—8月，随着水温、气温升高，要逐步把塘水加满，扩大养殖空间，以利于其生长。必须保证投喂的配合饲料新鲜无变质，以免引发鱼病。每天根据大口黑鲈鱼的生长、水质、天气情况来调节投饵量，尽量不留残饵，避免浪费造成水质败坏。大口黑鲈生长过程中要求水质清新、溶解氧丰富。因此，整个养殖过程中，水质不宜过肥。由于生长高峰期投喂大量饵料，池塘底部聚集了大量粪便及残饵，极易引起水质恶化，有条件的一定要定期使用底改剂调节，促进池底有机质分解，防止有害菌繁殖，一般每10～15天用1次。与投喂冰鲜鱼相比，投喂膨化饲料水质更易管理。但中后期水质有时会变瘦，建议用生物肥肥水，同时使用 EM 菌或光合细菌进行调节。

二、池塘混养

（一）池塘条件

大口黑鲈也可与四大家鱼、罗非鱼、胭脂鱼、黄颡鱼、鲫等成鱼进行混养。与一般家鱼相比，大口黑鲈要求水体中有较高的溶解氧，一般要求4毫克/升以上，因此池塘面积宜大些；过小，溶解氧浓度变化大，易缺氧死鱼。可选水质清瘦、野杂鱼多、施肥量不大、排灌方便、面积3.5亩以上的池塘进行混养，而大量施肥投饲的池塘则不合适。混养大口黑鲈的池塘，每年都应该清塘，以防凶猛性鱼类，如乌鳢、鳜存在，影响大口黑鲈存活率。在不改变原有池塘主养品种条件下，增养适当数量的大口黑鲈，既可以清除池塘中的野杂鱼虾、水生昆虫、底栖生物等，减少它们对放养品种的影响，又可以增加养殖大口黑鲈的收入，提高池塘的产量和经济效益。

（二）苗种放养

混养密度视池塘条件而定，如条件适宜，野杂鱼多，大口黑鲈的混养密度可适当高些，但套养池中不要同时混养乌鳢、鳗鲡等肉食性鱼类，以免影响大口黑鲈成活率。套养时间为每年 4 月中旬至 5 月中旬，一般可放 5～10 厘米的大口黑鲈鱼种 200～300尾/亩，不用另投饲料，年底可收获达上市规格的大口黑鲈。如池塘条件适宜，野杂鱼较多，大口黑鲈套养密度可适当加大。另外，苗种池塘或套养鱼种的池塘不宜混养大口黑鲈，以免伤害小鱼种。混养时必须注意：混养初期，主养品种规格要比大口黑鲈规格大 3 倍以上。也有将大口黑鲈与河蟹进行混养的，让河蟹摄食沉淀底层的动物性饲料，达到清污的目的，也可取得较好的经济效益。

（三）日常管理

混养池塘养殖前期一般不需要专门为其投喂饲料，但到后期如果池塘中各种饲料贫乏，不能满足大口黑鲈生长需要时，可向池塘中投放一批小野杂鱼让其繁殖后代，通过适当补充部分鲜活饲料，以保证大口黑鲈每天都有充足的饲料鱼。

三、网箱养殖

（一）水域选择

养殖大口黑鲈宜选择便于管理、无污染的水库、河流或湖泊，要求设置网箱的水域应保证水面开阔、背风向阳，底质为砂石，水

深最好在 4 米以上，水体透明度在 40 厘米以上，水体有微流水
最好。

（二）网箱设置

网目大小视鱼种放养规格而定，以不逃鱼为准。一般放养 8 厘
米左右的鱼种，网目为 1 厘米；放养 50 克/尾以上的鱼种，网目为
2.5 厘米。网箱为敞口框架浮动式，箱架可用毛竹或钢管制成。网
箱排列方向与水流方向垂直，呈"品"字形或梅花形等，排与排、
箱与箱之间可设过道。网箱采用抛锚及用绳索拉到岸上固定，可以
随时移动。也可将网箱以木桩固定（彩图 13），下方四角以卵石等
作沉子，上方以铁油桶作浮架，随水位升降而浮动。鱼种放养前
7～10 天将新网箱入水布设，让箱体附生一些丝状藻类等，以避免
放养后擦伤鱼体。

（三）鱼种放养

按不同规格分级养殖，保持同一网箱内个体基本一致。适宜放
养密度如下：规格为 5～6 厘米的鱼种，每平方米放养 500 尾；一
般体长 8～10 厘米的鱼种，每平方米可放养 250～300 尾；12 厘米
以上的鱼种，每平方米放养 100～150 尾。条件较好的，密度还可
适当增加。此外，可套养一些团头鲂、鲫或鳙，以充分利用饵料，
净化网箱水质。对放养的鱼种可进行药浴消毒处理，以防鱼病。消
毒可用 3‰食盐水或每 100 千克水中加 1.5 克漂白粉浸浴。浸浴时
间视鱼体忍受程度而定，一般为 5～20 分钟。放养前要检查网箱是
否有破损，以防逃鱼。

（四）日常管理

1. "四定"投饲法

投喂饵料为配合饲料，大小按照鱼苗的规格来定。投饲采用
"四定"投饲法：

（1）定时。一般情况下 1 天投喂 2 次，即 8：00—9：00 1 次，

15：00—16：00 1 次。

（2）定位。将配合饲料投喂在网箱的中间，不要投到网箱的四角上，以免大口黑鲈在争抢饲料时会急速向四角游去，擦伤鱼体。

（3）定量。整个饲养过程分 2 个阶段进行，鱼种阶段投饵量为 4%～8%，成鱼阶段投饵量为 1%～3%，具体应根据天气、水温的变化和鱼吃食等情况灵活掌握。

（4）定质。投喂的配合饲料，必须新鲜、无腐烂变质、无变色、无变味。

2. "四勤"管理法

日常管理与一般网箱养鱼基本相同。主要抓好以下几点：

（1）勤投喂。鱼体较小时，每天可视具体情况多投几次，随着鱼体长大，逐渐减至 1～2 次；投饵量视具体情况而定，一般网箱养鱼比池养的投饵量稍多一些。

（2）勤洗箱。网箱养鱼非常容易着生藻类或其他附生物，堵塞网眼，影响水体交换，引起鱼类缺氧窒息，故要常洗刷，保证水流畅通，一般每 10 天洗箱 1 次。

（3）勤分箱。养殖一段时间后，鱼的个体大小参差不齐，个体小的抢不到食，会影响生长，且大口黑鲈生性凶残，放养密度大时，若投饵不足，就会互相残杀。所以，要及时分箱疏养，保证同一规格的鱼种同箱放养，避免大鱼欺小鱼或吃小鱼的现象发生。

（4）勤巡箱。经常检查网箱的破损情况，以防逃鱼。做好防洪防台风工作，在台风期到来之前将网箱转移到能避风的安全地带，并加固锚绳及钢索。

四、病害防治

大口黑鲈在引进的初期病害很少，但随着养殖规模的扩大和养殖密度的不断提高，细菌性、病毒性疾病和寄生虫病多发，病害问题日趋严重，给该品种养殖业可持续发展带来严重影响。其中，常见的细菌性疾病有烂鳃病、败血症、肠炎病、溃疡综合征、诺卡氏菌病；常见的病毒性疾病有病毒性溃疡病、脾肾坏死病等；常见的寄生虫病有车轮虫病、斜管虫病、杯体虫病、小瓜虫病。对于病害的防治应遵循"以预防为主，治疗为辅；以生态防病为主，药物预防为辅"的原则，要做好池塘和苗种消毒、投喂管理和水质管理及病害防治等工作，一旦发现病鱼要及时诊断并对症下药。

（一）细菌性疾病

1. 烂鳃病

（1）主要症状。病鱼体色发黑，身体消瘦，离群慢游于水面、池边或网箱的边缘，对外界反应迟钝。打开鳃盖观察，鳃丝充血，黏液增多，鳃瓣通常腐烂发白或有带污泥的腐斑，鳃小片坏死，严重的发病鱼在靠近病灶的鳃盖内侧处充血发炎甚至溃烂（彩图14A、B），中间部分的表皮常腐蚀成一个形状不规则的透明小窗，俗称"开天窗"。由于病菌的入侵，部分病鱼自吻端到眼球处发白，在池边观察，症状更清楚，打开病鱼口腔，颌齿间上下表皮发炎充血，严重者表皮糜烂脱落，在糜烂处可看到淡黄色的菌团（彩图14C）。

（2）病原及流行情况。该病由柱状黄杆菌感染引起。引起大口黑鲈烂鳃的原因主要有：清塘不彻底，水质差，导致水环境中含有较多的致病菌，当鱼类感染寄生虫或人工操作不当引起的损伤不及时处理，容易感染发病；养殖密度过大，饲料不足，鱼类规格不整齐，出现大吃小等现象而引起损伤，进而感染发病。

该病主要危害鱼种和成鱼，每年4月至11月初为该病的流行时期，发病最适水温为25～28℃，池塘和网箱饲养的大口黑鲈都有发生，死亡率较高，严重的，鱼池发病死亡率达60%以上。

（3）防治方法。

①预防。

a. 每次鱼苗放养前，每亩池塘用 125～150 千克的生石灰彻底清塘消毒。

b. 采用生石灰消毒池塘的，苗下塘前用 10 毫克/升的漂白粉或 2%～3% 的食盐溶液，浸泡鱼体 15～30 分钟。

c. 在发病季节，每月全池撒生石灰 1～2 次，将池塘 pH 调至 7.5～8.0。其用量视池塘水的 pH 而定。

②治疗。

a. 漂白粉（1.0～1.2 毫克/升）或三氯异氰脲酸（0.4～0.5 毫克/升）等含氯消毒剂全池泼洒，每天使用 1 次，连用 3 天。隔天后使用聚维酮碘等碘制剂（1.0 毫克/升）全池泼洒，每天使用 1 次，连用 2 天。

b. 将大黄捣碎并以适量浓度为 0.3% 的氨水浸泡过夜，然后全池泼洒，使池塘水中大黄的浓度达 2.5～4.0 毫克/升。

c. 已发病网箱可用 2%～3% 的食盐溶液浸泡鱼体 15～30 分钟后更换新网箱，并使用漂白粉挂篓。

d. 内服抗菌药物，如恩诺沙星，每 100 千克鱼体重用药 3～5 克；或使用磺胺类渔药，每 100 千克鱼体重用药 5～8 克，拌饲料投喂，连喂 3～4 天。休药期均为 500 度日。

2. 败血症

（1）主要症状。病鱼下颌、鳃盖、体侧、腹部、鳍条基部等有不同程度的充血、出血现象，解剖观察，病鱼腹腔内有大量的血腹水或黄腹水，肝颜色偏淡，部分出现淡白色，肠道充血发红或有气体，腹腔内结缔组织或脂肪充血（彩图 15）。发病塘中通常有其他 2 个或以上的养殖品种同时患病。

（2）病原及流行情况。该病主要由嗜水气单胞菌或维氏气单胞菌等气单胞菌引起。发病塘的氨氮、亚硝酸盐指标明显高于非发病塘。

每年 4 月中旬至 11 月底是该病的流行时期，尤其是水温在 25～28℃时。发病呈急性型，从开始发病到大量死亡仅需 1 周。初期死亡数量为几尾到几十尾不等，4～6 天后每天死亡可达几百尾，在精养池塘发病率更高，严重时死亡率达 90％ 以上。

（3）防治方法。

①预防。与烂鳃病相同。

②治疗。

a. 漂白粉（1.0～1.2 毫克/升）或二氧化氯（0.3～0.5 毫克/升）或三氯异氰脲酸（0.4～0.5 毫克/升）等含氯消毒剂全池泼洒，每天使用 1 次，连用 3 天。隔天后使用聚维酮碘等碘制剂（1 毫克/升）全池泼洒，每天使用 1 次，连用 3 天。

b. 内服抗菌药物，如恩诺沙星，每 100 千克鱼体重用药 3～5 克，休药期为 500 度日；或使用盐酸多西环素，每 100 千克鱼体重用药 2～3 克，休药期为 750 度日；或使用氟苯尼考，每 100 千克鱼体重用药 10～15 克，每天 2 次，休药期为 375 度日。拌饲料投喂，连喂 3～5 天。

3. 肠炎病

（1）主要症状。发病前食欲正常，一旦发病，食欲明显下降。池塘水面尤其是池塘下风处可见漂浮粪便，粪便外包黏膜。病鱼腹部胀大，肛门红肿（彩图 16A）。下颌及腹部暗红色，重症病鱼轻压腹部可见从肛门流出淡黄色腹水，剖开腹腔可见其内积有腹水（彩图 16B），流出的腹水几分钟后呈"琼脂状"；肠管紫红色，用剪刀将肠管剖开，肠内充满黏状物，肠内壁上皮细胞坏死脱落，严重的病鱼整个腹腔内壁充血，肝坏死。

（2）病原及流行情况。该病主要由爱德华氏菌或点状气单胞菌感染引起，菌体短杆状，单个或 2 个相连，革兰氏阴性。

肠炎病全年均可发生，春夏季较为严重，尤其在短时间内天气巨变时容易发生，或在其他环境条件异常时，若仍保持较大投喂量也容易发生；投喂变质或不洁的冰鲜鱼或人工饲料也容易暴发。危害对象以鱼种和成鱼为主，急性发病，死亡率较高。

（3）防治方法。

①预防。

a. 投喂新鲜优质饲料，勿投喂储存过久或已变质的饲料。投饵时做到定时、定质、定量。

b. 环境条件突变时，减少投喂量，并在饲料中添加助消化的添加剂。

②治疗。首先查明起始因素，排除可能由于投饵不当或饲料质量等发病因素后，在减少饲料投喂量的情况下进行下述处理：

a. 漂白粉（1.0～1.2 毫克/升）或二氧化氯（0.3～0.5 毫克/升）或三氯异氰脲酸（0.4～0.5 毫克/升）等含氯消毒剂全池泼洒，每天使用 1 次，连用 3 天。

b. 内服抗菌药物，如恩诺沙星，每 100 千克鱼体重用药 3～5 克，每天 1 次；或使用复方磺胺二甲嘧啶等磺胺类药物，每 100 千克鱼体重用药 8～10 克，每天 2 次。拌饲料投喂，连喂 3～5 天，休药期为 500 度日。

c. 内服双黄苦参散，每 100 千克鱼体重用药 100～200 克，或大蒜素 2～3 克，每天 2 次。拌饲料投喂，连喂 5 天。

4. 溃疡综合征

（1）主要症状。发病初期，病鱼躯干、头部出现小红斑，周围鳞片松动脱落。随病程发展，病灶表皮及肌肉溃烂，病灶通常为圆形或椭圆形并有水霉状絮状物附着，同一尾病鱼有多个病灶，头部、背部、体表两侧都有。严重时烂至骨头，一些病鱼下颌骨断裂，鳍条缺损，内脏病变通常不明显（彩图 17）。

（2）病原及流行情况。溃疡综合征是一种综合性疾病，病因比较复杂，主要病原有嗜水气单胞菌、温和气单胞菌以及镰刀菌等。

该病在每年的 12 月至翌年的 4 月为常见。危害对象以成鱼为主，损伤后的鱼很容易引发此病。池塘、网箱均有发生。严重的鱼塘发病率高达 60%，但死亡率底，主要影响商品价值。

（3）防治方法。

①预防。

a. 在发病季节，每月全池撒生石灰 1～2 次，将池塘 pH 调至 7.5～8.0，其用量视池塘水的 pH 而定。

b. 降低养殖密度，加强饲养管理，在养殖后期饲料中添加维生素C，增强鱼体的抗病能力。添加量为鱼体重的0.3%～0.5%。

c. 调节水质，保持池水清新，减少鱼体损伤。

②治疗。与细菌性败血症相同。

5. 诺卡氏菌病

（1）主要症状。病鱼食欲减退，离群游于水面或池边，体色变黑。解剖观察，脾、肾、肝、肠系膜、鳔等处布满小白点，类似于结节状物。严重时，肾、鳃耙骨和肌肉有较大的白色隆起脓疱，用小针扎破，流出白色或带血的脓液，病鱼呈贫血状（彩图18）。

（2）病原及流行情况。该病主要由诺卡氏菌感染引起，菌体生长缓慢，革兰氏阳性，在血平板培养基上菌落呈白色沙粒状。

该病是近年常发生的疾病，5—8月为流行期，以危害成鱼为主，发病率和死亡率较高，而且严重影响成鱼的商品价值。由于诺卡氏菌生长较慢，发病初期无症状或症状不明显，且病程持续时间长，故给早期诊断和治疗带来困难。

（3）防治方法。

①预防。

a. 鱼种放养前要做好清塘消毒工作，杀灭水中的病原菌。

b. 加强饲养管理，定期添加维生素C，增强鱼体的抗病能力。

c. 梅雨季节，保持水源清洁，经常换用新水，防止水体富营养化，在养殖的中期定期投放光合细菌类微生态制剂调节水质。

d. 投饵勿过量，避免养殖水体富营养化或残饵堆积。

②治疗。

a. 停止投喂饲料，并采用换水或泼洒水质、底质改良剂，降低池塘水体的氨氮和亚硝酸盐等的浓度，一般需要3～4天。

b. 戊二醛苯扎溴铵溶液（0.2毫克/升，以戊二醛计）全池泼洒，连用3天，再用聚维酮碘（0.1～0.2毫克/升）全池泼洒，连用3天。

c. 停食 2 天后，内服抗菌药物，如恩诺沙星，每 100 千克鱼体重用药 3～5 克，休药期为 500 度日；或使用盐酸多西环素，每 100 千克鱼体重用药 2～3 克，休药期为 750 度日；或使用氟苯尼考，每 100 千克鱼体重用药 10～15 克，每天 2 次，休药期为 375 度日。拌饲料投喂，连喂 5～7 天。

（二）病毒性疾病

1. 病毒性溃疡病

（1）主要症状。病鱼体色变黑和眼睛白内障，体表大片溃烂、鲜红色，尾鳍或背鳍基部红肿，肌肉坏死，部分病鱼胸鳍基部红肿溃烂，下颌骨两边鳃膜有血疱隆起，鳃动脉扩张淤血，肝发白，脾、肾病变不明显，但因心血管出血心腔有血块凝聚，少数病鱼腹膜硬化成干酪状（彩图 19）。

（2）病原及流行情况。该病由大口黑鲈溃疡病虹彩病毒（蛙病毒属中的一种虹彩病毒）感染引起。该病毒在两栖类、禽类等天然宿主体内，甚至鱼饵中均可以存活，有多种传播途径。目前，没有有效的治疗药物，只能靠科学饲养和及时消毒来预防。

该病是 2008 年新发现的疾病，发病水温通常在 25～30℃，主要危害成鱼，但近两年发现该病毒已感染小规格鱼苗和鱼种，死亡率高达 60% 以上。鳔、鳃和后肾是易受大口黑鲈溃疡病虹彩病毒侵袭的器官。自然环境下，大口黑鲈普遍隐性带毒，水体环境的剧烈变化、饲养密度过大等因素都会导致该病暴发。

（3）防治方法。

①预防。

a. 鱼种放养前做好清塘消毒工作，杀灭水中的病原菌。

b. 加强饲养管理，定期添加维生素 C 和免疫多糖，增强鱼体的抗病能力。

c. 在发病季节，每月全池泼洒生石灰 1～2 次，将池塘水体 pH 调至 7.5～8.0，其用量视池塘水体 pH 而定。

d. 在养殖的中期定期投放光合细菌类有益微生态制剂或全池

泼洒水质、底质改良剂等改善养殖环境。

e. 投饵勿过量，保持四定投喂，实行科学的饲养管理，减少鱼类应激。

②治疗。

a. 减少饲料投喂量，并采用换水或泼洒水质、底质改良剂，降低池塘水体的氨氮和亚硝酸盐等的浓度，一般需要3～4天。

b. 发病期间可全池泼洒聚维酮碘进行消毒。同时，在饲料中拌入三黄散，连用5～7天。

（4）注意事项。

①严禁使用强刺激性药物，如福尔马林、三氯异氰脲酸（强氯精）等。

②应根据池塘水质状况选择施用水质改良剂，不宜换水或施肥。

2. 脾肾坏死病

（1）主要症状。病鱼体色变黑，离群慢游；鳃变白或伴有出血点，肝肿大变白或呈土黄色，少数鱼肝有出血斑，脾肿大变为黑红色，肾也肿大；一些病鱼腹隔膜破裂、溃烂，粘在一起，有的病鱼体色变黑，下颌至腹部发红，眼眶四周充血，严重时个别眼球凸出（彩图20）。

（2）病原及流行情况。该病由虹彩病毒科细胞肿大病毒属中的一种虹彩病毒感染引起。该病毒与鳜传染性脾肾坏死病毒有很近的亲缘关系。

该病主要发生在7—10月高温季节，发病时水温通常在25～34℃，最适流行水温为28～30℃，20℃以下呈隐性感染。一般每年的11月中下旬水温降低后死亡率大幅度下降。天气突变和气温升高、水环境恶化是诱发该病大规模流行的重要因素。主要危害成鱼，起病急，病情发展快，死亡率高达80%以上。

（3）防治方法。与病毒性溃疡病相同。

（4）注意事项。与病毒性溃疡病相同。

3. 弹状病毒病

（1）主要症状。病鱼腹部肿大或体色变黑，拖便，身体消瘦、弯曲，游动无力或昏睡，螺旋式或不规则地游泳，下颌充血，腹部有充血的斑块。剖检观察，腹部肿大的病鱼肝、脾、肾肿大，变白或充血，个别病鱼有腹水，眼睛凸出（彩图21）。

（2）病原及流行情况。该病由弹状病毒感染引起。主要感染2～6厘米的苗种。发病时水温为18～25℃，水温突然升高或降低时易发，且传播快、致死率高，死亡率高达50%以上。

（3）防治方法。目前没有很好的治疗方法，以预防为主。

①对繁殖用的亲鱼进行病毒检测，发现阳性的亲鱼应及时淘汰，以切断病毒垂直传播途径。

②养殖期间可以采用含氯消毒剂进行水体消毒，尤其是养殖用水，在进入鱼池前应进行消毒处理，最好设蓄水池，先在蓄水池进行水体处理，然后再将水放入养殖池。

③采用半封闭式池塘管理模式，创造良好的水质和底质环境，保持"四定"投喂，实行严格的饲养管理，减少鱼类应激。

④发病初期，全池泼洒有机碘有一定防治效果。

（三）寄生虫病

1. 车轮虫病

（1）主要症状。病鱼体色黑暗，鳃有较多黏液，消瘦，群游于池边或水面。当虫体大量寄生、病程较短时，鳃部附着淤泥，没有腐烂，淤泥与鳃丝界线清晰；少量寄生、病程较长时，鳃丝末端腐烂并与淤泥混合。取一些鳃组织在显微镜下观察，可见大量车轮虫，虫体侧面像碟形或毡帽形，反口为圆盘形，内部有多个齿体嵌接成齿轮状结构的齿环（彩图22）。

（2）流行情况。此病流行于培苗期间，通常在3—5月，主要危害10厘米以下的种苗。本病多发生于池塘面积小、水位浅、养殖密度高、水体有机质多或水质过于清瘦的水体，在连续阴雨天气时更易发生。

（3）防治方法。

①预防。

a. 加强水质管理，保持水质清新；阴雨连绵天气，定期撒硫酸锌粉等，杀灭水体中的病原微生物。

b. 控制养殖密度，保证充足的饲料供应，增强鱼体抗病力。

c. 鱼苗下塘前，用浓度为 3% 的食盐水，浸泡鱼体 15～20 分钟。

②治疗。

a. 用硫酸铜、硫酸亚铁（5：2）合剂 0.7 毫克/升全池泼洒，每天 1 次，连用 3～5 天。

b. 用苦参末 1～1.5 毫克/升全池泼洒，每天 1 次，连用 5～7 天。

c. 用雷丸槟榔散 3 毫克/升全池泼洒，每天 1 次，连用 5～7 天。

（4）注意事项。硫酸铜的治疗有效浓度容易受环境因素的影响，用药后应注意观察 2～3 小时，如发现鱼有不安表现时，应采用加注新水等方法急救，并保持充足的溶解氧。

2. 斜管虫病

（1）主要症状。病鱼体色黑暗，皮肤和鳃有较多黏液，消瘦，群游于池边或水面。取一些鳃组织在显微镜下观察，可见大量斜管虫。虫体侧面观察，背部隆起，腹面平坦，左右不对称，左边较直，右边稍弯，后端有凹陷，腹面前端有一个漏斗状的口管，腹部长着许多纤毛，游动较快（彩图 23）。

（2）流行情况。此病流行于培苗期间，主要危害 10 厘米以下的种苗。水泥池或鱼塘培育的鱼苗都会发病，多发生于池塘面积小、水位浅、养殖密度高、水体有机质多或水质过于清瘦的水体，在连续阴雨天气时更易发生。

（3）防治方法。与车轮虫病相同。

（4）注意事项。与车轮虫病相同。

3. 杯体虫病

(1) 主要症状。病鱼群游于池边或水面，体表、鳍条黏附有灰白色的絮状物，粗看似水霉感染，将此物在显微镜下观察，可见大量的杯体虫，虫体容易伸缩，身体充分伸展时，一般的轮廓为杯体形或喇叭形，前端是圆盘状的口围盘，其边缘围绕着 3 层透明的缘膜，其内有 1 条螺旋状的口沟，大核近似三角形或卵形，小核球形或细棒状，身后端有 1 条吸盘状结构，称为茸毛器，借此把身体黏附在鱼体上（彩图 24）。

(2) 流行情况。此病流行于 3—5 月培苗期间，春、夏季为流行高峰期，然后为冬季。主要在雨季水体混浊时发病率高；有机物含量丰富、老化的沙石底池塘发病率高。一般不引起鱼体死亡，主要影响鱼体摄食生长。主要危害种苗，水泥池和鱼塘培育的鱼苗都会发病。

(3) 防治方法。与车轮虫病相同。

(4) 注意事项。与车轮虫病相同。

4. 小瓜虫病

(1) 主要症状。病鱼反应迟钝，消瘦，浮于水面或集群绕池，当虫体大量寄生时，肉眼可见病鱼体表、鳍条和鳃上布满白色点状包囊。严重发病的鱼，由于虫体侵入皮肤和鳃的表皮组织，引起宿主病灶组织增生，并分泌大量黏液，形成一层白色的薄膜覆盖在鱼体表。用镊子挑取小白点在显微镜下观察，虫体呈球形或近似球形，有一个大的 U 形核，活动时形态多变（彩图 25）。

(2) 流行情况。此病在 3—5 月多发，水温 20～25℃时流行，冬、春、秋末为流行高峰期，水温在 27℃以上时较少发病。主要危害 3～10 厘米的种苗，常见于室内或池塘水体小，密度大的培育池，如不及时处理会造成较多的死亡。

(3) 防治方法。暂没有有效的防治方法，以预防为主。加强水质管理，保持水质清新；控制养殖密度，保证充足的饲料供应，增强鱼体抗病力；鱼苗下塘前，用浓度为 3% 的食盐水，浸泡鱼体 15～20 分钟。流行期间可通过降低放养密度和提高水温预防此病。

发病时可用辣椒粉 1 毫克/升全池泼洒或每亩用干辣椒粉 250 克、干生姜 100 克加水煮 30 分钟，稀释后全池泼洒。

第六节　大口黑鲈绿色高效养殖模式

一、佛山地区大口黑鲈池塘精养模式

（一）养殖条件

长方形池塘面积普遍为 5～8 亩，池深 3.0～4.0 米，池底平坦，底部淤泥厚度≤20 厘米，埂岸及池底不渗漏。进排水分开。每亩配备功率为 1.5 千瓦的增氧机 1 台和抽水设备。鱼种放养前 20～30 天排干池水，充分暴晒池底，然后注水 6～8 厘米，用生石灰（150 千克/亩）或漂白粉（10 千克/亩）化水后全池泼洒消毒。具体模式见彩图 26。

（二）鱼种放养

池塘消毒后 1 周，再灌水 60～80 厘米，培养水质。5～7 天后，经放鱼试水证明无毒性后，方可放养 5～10 厘米规格的鱼种。放养时，鱼种规格力求整齐，尽量避免大小差异悬殊，可减少或避免大鱼吃小鱼现象。鱼种放养密度为 6 000～10 000 尾/亩，适量放养稍大规格的鳙、鲫等，以清除池塘中大量浮游生物和底栖生物，净化水质，并能增加产量，提高养殖效益。鱼种下塘时，须按每立方米水体用 3% 食盐溶液药浴鱼体 5～10 分钟，以杀灭寄生虫和病菌。

将鱼种直接放入较大面积池塘时，鱼种很容易四处散开，后续难以保障全部集中摄食，这样长时间后就会出现大量没有吃料而生长缓慢的个体，而摄食量多的鱼生长较快，进而导致个体大小差异和出现大吃小的现象发生，使得养殖成活率降低。因此，在准备下苗前，将池塘边用网围一个小区域，把苗种放在这一区域暂养驯食 1

周，待苗种习惯在这一区域集中摄食后拆掉围网。这一阶段在投料方面要注意的是尽可能饱食投喂，否则容易出现大吃小现象，苗种养殖成活率也会降低。

（三）科学饲养

配合饲料含粗蛋白质需达到40%～50%。在投喂时，定期在饲料中添加维生素、乳酸菌和护肝胆药物等，有助于提高大口黑鲈肝胆和肠道的健康水平及机体免疫力。根据鱼的大小选择饲料规格，每天分早、晚2次投喂。投喂遵循"慢、快、慢"的原则，投喂至大部分鱼不上水面抢食时为宜。平时注意巡池，观察鱼的摄食情况和水质、天气等情况，遇到异常情况及时解决。由于南方夏季水温高，日照长，大口黑鲈摄食效果往往较差，应视情况适当控料，避免浪费。遇天气剧变时，大口黑鲈摄食量波动大，应主动控料，避免大幅波动投喂。定期内服胆汁酸保肝护胆，可明显提高大口黑鲈摄食量，增强体质，降低发病风险。养殖户普遍采取"捕大留小"的方式捕捞大口黑鲈出售，经过2～3次上市销售成鱼后，大多数养殖户到翌年5月之前将大口黑鲈全部销售完毕，少数养殖户将几个鱼塘存塘下来的小规格成鱼集中起来养至8—9月才上市销售，由于销售价格高，能取得很好的经济效益，但是养殖风险相对较高，需要具备丰富的养殖管理经验和良好的养殖技术。

（四）水质调控

在整个养殖过程中，水质不宜过肥。特别是夏秋季，由于投喂大量饵料，极易引起水质恶化，需要换水或采用水质调节剂调节水质。使用常用的微生态制剂调节水质，降低水体氨氮、亚硝酸盐含量。大口黑鲈高密度池塘养殖，增氧机的合理使用尤为关键。一般在18：00—19：00先开1台增氧机，21：00至翌日7：00，池塘中增氧机全部启动。这样可使夜间池塘上下层水得到充分交换，增加下层水体溶解氧，提早补偿底层水体氧债，加速水体物质循环和有害物质的分解，同时也防止了高密度养殖条件下池塘中出现浮头现象。白天时一般情况下开增氧机1台，如果遇到阴天、下雨，甚至更恶劣的天气情况，应适当合理增开增氧机（彩图27）。要坚持每天日夜巡塘，观察鱼群活动和水质变化情况，定期检测水质理化指标（氨氮、亚硝酸盐、溶解氧、pH、透明度、水温等）和鱼体生长情况（体长、体重和成活率）。

二、苏州地区大口黑鲈池塘养殖模式

（一）养殖条件

池塘适宜面积为8～10亩，池底平坦且淤泥少，塘埂坚实不漏水，排灌方便，配备3千瓦增氧机。1—3月池塘进行清理整修，做到水源充足、排灌方便、不漏水，水深1.5米以上，淤泥厚度不超过20厘米。具体模式见彩图28。

（二）鱼苗培育

鱼苗下塘前7～10天要用生石灰干法清塘，每亩用生石灰50～75千克。清塘后施放有机肥，促进轮虫、枝角类和桡足类等浮游生物繁殖，为鱼苗提供饵料生物。一般每亩投放刚孵出的鱼苗约5万尾，培育约1个月鱼苗长到3～4厘米即要分疏或转塘。

（三）成鱼养殖

在5—6月放养经驯化摄食配合饲料的鱼种，一般每亩投放大口黑鲈鱼种1 500～2 000尾，条件、设备好的鱼塘可投放2 000～3 000尾。适当混养鲢，帮助清理饲料残渣、调节水质。大口黑鲈对蛋白质要求较高，投喂专用配合饲料，通常上、下午各投喂1次，水温在20～25℃时，日投饵量为鱼重的1％～6％，但要视鱼的摄食、活动状况及天气变化灵活掌握。11—12月即可开始将单尾重400～500克的大口黑鲈起捕上市，小一点的可于翌年6月再上市，平均亩产可达750千克以上。

（四）日常管理

（1）每天都要巡视养鱼池，观察鱼群活动和水质变化情况，避免池水过于混浊或肥沃，透明度以 30 厘米为宜。

（2）投饲量要适当，切忌过多或不足。

（3）及时分级分疏，把同一规格的鱼同池放养，避免大鱼吃小鱼。分养工作应在天气良好的早晨进行，切忌天气炎热或寒冷时分养。

三、"168"生态循环绿色高效养殖模式

"168"生态循环绿色高效养殖模式是郑州水产技术推广站技术人员经过两年探索试验，总结出的生态、循环、绿色、高效水产养殖新模式，具有简单、高效、投资少、见效快等优点。经过科学设计，改变了传统池塘养殖模式的弊端，通过漏斗形鱼池（图 3-21）设计实现集污排污，将粪便残饵分离出养殖水体进行清洁生产，再通过生物净化、生态循环、温度控制、智能管理等措施，达到创造美化养殖环境、生产优质水产品、提高养殖效益的目的。

图 3-21　漏斗形鱼池

（一）技术概述

2016 年，全国生态健康养殖技术集成现场会上提出"地、水、饲、种、洁、防、安、工"八字诀，要从节约土地、改良水质、生态饲料、优质种质、清洁养鱼、疾病防控、质量安全和现代工程信息 8 个方面，加大适用先进安全技术研发，因地制宜，推进典型养殖模式示范，提升水产养殖生态属性和综合效益。

习近平总书记指出，绿水青山就是金山银山，国家出台严格的环境治理措施，水产养殖划定了禁养区、限养区，要求全面解决养殖尾水直排直放和养殖环境"脏乱差"问题。2019 年 1 月，农业农村部等 10 部委联合下发《关于加快推进水产养殖业绿色发展的若干意见》，要求技术模式创新，引领水产养殖业转型升级，大力发展生态健康养殖，提供优质、特色、绿色、生态水产品，保证优质蛋白供给。

然而，传统水产养殖、鱼类疾病暴发等问题正影响着行业持续发展。在精养池塘，以饵料形式投入的氮磷养分仅约 1/3 被水产动物同化吸收，剩余养分大多以残饵和鱼虾排泄物等形式残留在养殖水体和底泥中，日积月累，导致塘内水质恶化，影响鱼类生长，而且养殖尾水的排出也加剧了对周边水环境的影响。随着集约化程度不断提高，养殖水体富营养化、蓝藻暴发、鱼病频繁发生、养殖户大量用药，都造成了水产品质量安全隐患。

1. 技术基本情况

2018 年 4 月，郑州市水产技术推广站技术人员在总结当前多种养殖模式的基础上设计了漏斗形鱼池与莲藕种植循环种养殖试验（面积比 20∶80，图 3-22），取得了显著效果。两年来与河南省水产技术推广站、河南省水产研究院等单位专家技术人员共同努力，在多地进行多种设计进一步试验总结成"168"生态循环绿色高效养殖模式（1 是 1 000 米² 以下鱼池，6 是六大技术，8 是八大优势），通过漏斗形设计、精准投喂、智能增氧、生物调控、生态循环、温控养殖，分离出粪便、残饵，清洁生产、循环利用，达到了生态理念引领、养殖环境优美、集污排污科学、提质降本增效、产品质量优良、操作管理方便、节能高效智能、组装配套灵活的目的，能明显解决渔业绿色生态养殖和高质量发展的难题。

2. 技术示范推广情况

2018 年，该养殖模式在郑州市试验成功后，2019 年惠济区在前期基础上增加面积 5 000 米²，又分别在荥阳、新乡两地试验示范推广，推广面积 34 000 米²。目前，该模式在信阳、商丘、林州以及山东东营等地正在推广应用。

3. 提质增效情况

图 3-22　漏斗形鱼池与莲藕种植循环种养殖池塘

2018 年 5 月，河南千户源农业科技有限公司利用该技术建成漏斗形鱼池＋莲藕湿地生态循环养殖系统（图 3-23），5 月 20 日投放草鱼 1 012 千克，16 000 尾，至 11 月 26 日，1 000 米² 出鱼 18 175 千克，投喂饲料 18.5 吨，饲料系数 1.02，整个生产季节无鱼病发生，效益显著。2019 年，又建 5 座同样的鱼池，放养草鱼，养殖成鱼和鱼种，全年无鱼病发生，同样取得了良好效果。

图 3-23　漏斗形鱼池＋莲藕湿地生态循环养殖系统

2019 年 1 月，郑州龙祥水产养殖有限公司利用该技术建成保温棚漏斗形鱼池（图 3-24）14 座，其中罗非鱼 700 米^2，6 个月产量达到 34 000 千克，全年 700 米^{2}产量近 70 吨；3 月建成 700 米^{2}漏斗形鱼池 26 座，其中单池放养大口黑鲈鱼种 15 000 尾，产量 7 100 千克，7 个月产值 33 万元，利润 16 万元。

2019 年 4 月，郑州富发水产养殖有限公司在荥阳现代渔业集聚区改造 10 亩传统鱼塘，建成 1 200

图 3-24　漏斗形鱼池

米^{2}漏斗形鱼池养殖草鱼，其余面积建成生态循环系统，4 月在 1 200 米^{2}养殖池内投放尾重 1 千克草鱼 10 000 尾，6 月底出池产量 20 000 千克，3 个月净增重 10 000 千克。7 月初又放养大口黑鲈鱼种 35 000 尾，生长良好。

试验示范推广中发现，运用该技术养殖全过程水质良好、无鱼病发生，鱼肉品质进一步提高，经济效益十分显著，并且具有比工厂化养殖等模式投资小、占地少等优点，与莲藕池、稻田、农田、蔬菜基地、花卉基地、果园、树林结合，可在灌溉的同时提供大量优质水产品，养鱼肥水用来灌溉，具有显著的经济效益、社会效益和生态效益。

（二）技术要点

示范场点建设地点应符合当地《养殖水域滩涂规划》布局要求，周围电力配套齐全，交通便利。规划布局要合理，可分不同区域进行苗种生产、商品鱼养殖，生物净化池（湖）可设在中间，也可环养鱼池设置，周边种植棕榈树、罗汉松等不落叶树种美化环境。

1. 设施设备

（1）漏斗形鱼池标准　在土基上挖制成养鱼池，上口直径 5～40 米、池深 3～5 米为宜，在距池塘表面 1～2 米区域挖出斜坡，斜坡比 1∶0.5，池底比降 20°～40°，面积 1 000 米² 以内为宜。池底中央最深处设长 1 米、宽 1 米、深 0.6 米的排污口，覆盖钢丝网拦鱼栅，铺设直径为 200～300 毫米的排污管道和循环水管道，与集污井、净化池相连。在养鱼池表面的土基上铺设 PE 防渗膜至鱼池上边平面，向外平铺 0.5 米埋边封土，中间与排污口相接处用混凝土压实（图 3-25 至图 3-27）。

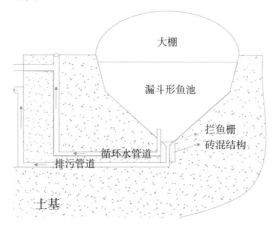

图 3-25　漏斗形鱼池示意

图 3-26　漏斗形鱼池

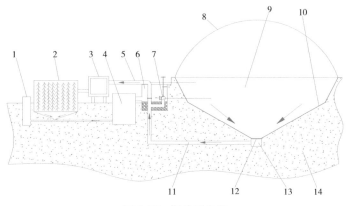

图 3-27　漏斗形鱼池

1.粪污槽　2.植物净化池　3.微滤机　4.曝气池　5.溢水管道
6.集污井　7.排污阀门　8.钢构大棚　9.漏斗形鱼池　10.防渗膜
11.循环水管道　12.拦鱼栅　13.排污口　14.土基

（2）集污井标准　采取一池一井或多池一井，直径 3～5 米，井深 4～5 米，井底锥形，砖混或混凝土结构。在墙体与下一级相连位置向下 0.5 米处设溢水口（图 3-28）。

（3）曝气池标准　漏斗形鱼池与之配套，曝气池面积占养鱼池的 10% 为宜，另一侧设过滤墙，过滤墙采用钢管骨架固定钢丝网，厚度 0.5 米，中间填过滤材料（图 3-29）。

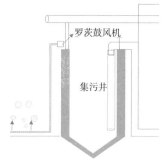

图 3-28　集污井

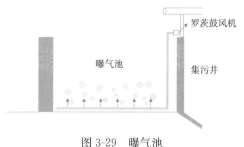

图 3-29　曝气池

（4）植物净化池标准　面积占漏斗形鱼池的 20％ 左右，长方形，深 1.5 米左右，池底可种植莲藕，水面种植空心菜、西洋菜等水生植物。末端与生物净化池（湖）相连，同样设过滤墙（图 3-30）。

图 3-30　植物净化池

（5）生物净化池标准　面积是养鱼池的 3 倍左右，任何形状均可，水深 2～3 米，自然池塘底，边坡可用绿化砖等材料进行防护（图 3-31）。

（6）灭菌池标准　在生物净化池（湖）与漏斗形鱼池相邻的一角建直径 2 米、深 2 米的圆形灭菌池，以过滤墙为佳，厚 0.5 米左右，用钢丝网＋钢管架子做成，里面填碎石，基础夯实（图 3-32）。

图 3-31　生物净化池

（7）增氧机　2 台 1.5 千瓦的水车式增氧机，分别分布在鱼池的两边，水流朝向一个方向。2 台 1.5 千瓦的变频增氧机安装在生物净化池中央，其位置与两边的水车式增氧机垂直。

（8）水泵　2 台 500 瓦的循环泵（备用 1 台），放置在灭菌池，安装在距底部 1 米的位置，用管道连接到养鱼池中。2 台 4 千瓦的抽水泵用于清塘。1 台吸污泵，安装在集污井最低处。

（9）罗茨鼓风机　1 台 3 千瓦的罗茨鼓风机固定在曝气池边，

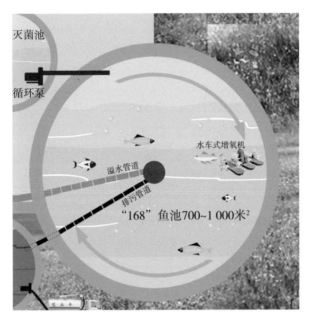

图 3-32　灭菌池

连接增氧曝气盘，均匀地摆放在曝气池中。

（10）其他　溶氧控制器，控制 3 台增氧机。自动投饵机 1 台，安装在合适的位置。发电机组 1 套，紫外线杀菌设备或臭氧发生器 1 台，安装在灭菌池中。还可安装智能远程控制和水质监测设备。

2. 集污排污

（1）集污　深 3 米以上漏斗形设计、水车式增氧机推水，在离心力作用下便于残饵、粪便集中于鱼池中央最深处排污口及排污管道内。

（2）排污　粪便、残饵经底排污管道通过阀门控制排入集污井，排污口与漏斗形鱼池水位形成 1 米以上落差，每天排污 2～3 次，每次约 1 分钟，通过瞬间落差排出。定期用吸污泵通过粪污清运车清运，集中处理（图 3-33 至图 3-35）。

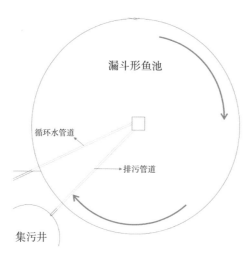

图 3-33　集污排污井示意

图 3-34　"168"鱼池剖面示意

池中间另设循环水管道，在紧邻排污口向上伸出池底 1.3 米，1 米以上部分打孔，池水从循环管道孔上部排出，与曝气池相连，

图 3-35 排污口示意

出水口高度比漏斗形鱼池低 0.5 米，与排污管道形成双路排水排污，达到排污排水分开（图 3-36）。

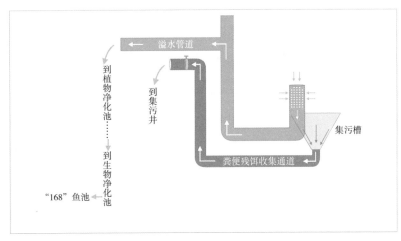

图 3-36 分路排水集污排污示意

3. 增氧曝气

（1）增氧 养鱼池中保证 1 台水车式增氧机全天 24 小时开启，另 3 台与控制器相连，溶解氧额定值控制在 6 毫克/升，自动控制。生物净化池设置增氧机，前期白天中午开机 2 小时，中后期晚上及时开启（图 3-37）。

图 3-37 鱼池增氧

（2）曝气　根据需要，曝气池定时开关。如遇停电，需及时开启发电机，保证罗茨鼓风机正常使用。通过好氧菌处理悬浮状态的有机物，促进其分解转化。曝气管需定期更换，以免堵塞影响效果。

4. 生物净化

（1）微生物处理　集污井中上清液和循环溢出的养鱼水在循环过程中，悬浮状态的粪便、残饵被菌类、藻类、浮游生物吸收利用。根据需要，定期泼洒有益菌、藻。

（2）水生植物吸收　粪便、残饵等有机物被分解为营养盐，再被莲藕等水生蔬菜吸收，可以收获水生蔬菜等经济作物（图 3-38）。

（3）以渔净水　在生物净化池投放鲢、鳙、虾、蟹、螺类，摄食水中的浮游动植物等，形成食物链，净化水质。

图 3-38　植物净化池示意

89

5. 生态循环

漏斗形鱼池中集中养殖，排出的粪便经排污管道到集污井中，由吸污车清运至鱼粪处理场生产肥料。养殖水经循环水管道溢出至曝气池、植物净化池、生物净化池，被微生物、藻类、浮游生物、鲢、鳙、虾、蟹、螺类等净化处理，最后灭菌后回抽到养鱼池中，形成生态循环（图 3-39）。

图 3-39　"168"鱼池俯视运行图

6. 温度控制

养鱼池直径 40 米以内，以便于搭建塑料大棚保温养殖。温泉水可做到全年养殖，每年比常温水养殖增加 3～4 个月生长期，夏季注入井水降温，小水体易保持最适水温，可保持鱼类最佳生长状态。曝气池、植物净化池也可搭建保温棚，养殖后期气温下降时可保证植物正常生长（图 3-40）。

7. 养殖过程

放鱼前 7 天鱼池消毒杀菌后，所投放的优质健康品种经食盐浸泡后入池；投喂浮水型配合饲料，坚持"四定"投饵原则；投饵30 分钟后排污，排污前可保留一台水车式增氧机运行；加强日常

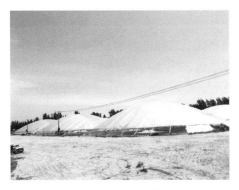

图 3-40　保温棚示意

管理、早晚巡池，确保正常运行。勤观察，发现问题及时处理。定期检查，发现鱼病，对症治疗，坚持"以防为主、防重于治"的原则。定期用生石灰、漂白粉全池泼洒杀菌。用中草药驱虫杀虫，内服大蒜、三黄粉等中药保肝利胆、增强体质。坚决杜绝使用抗生素、重金属和违禁药品。

8. 夏季销售

小水体便于降温，销售前加注井水降温，逐渐降低水位，将池塘内水温降至与井水温度相接近，可完全解决夏季出鱼难的问题。

9. 吊水销售

鱼长至商品鱼规格后，逐渐停止投喂饲料，加注井水，及时排出粪便，关掉灭菌池中回抽泵，停止循环，保持增氧机正常运行。停食后吊水瘦身去土腥味，瘦身时间有 15 天、30 天、45 天、60天 4 种，分 3~4 个级别销售，提高鱼肉品质和效益。

（三）适合区域

适合全国各地的水产养殖区域，因其灵活性和保水性，可开发缺水地区、丘陵地区的水产养殖，与蔬菜大棚、果园、树林结合，这种模式不仅提供大量优质水产品，而且为植物等提供肥料，实现与种养殖高度结合的高效绿色循环农业。

(四) 注意事项

(1) 养殖池塘应具有较好的水、电、通信条件，要配备足够输出功率的备用发电机。

(2) 产量控制。1 000 米²养鱼池产量控制在 15 000 千克为宜，注意商品鱼最佳上市规格。

(3) 配备具有一定技术能力的技术人员，要关注生态循环系统的日常维护。

四、大口黑鲈与河蟹混养"三一模式"

大口黑鲈为肉食性，河蟹为杂食性，两者在自然状态下都喜欢水质清澈、水草丰茂的水体。养殖河蟹的池塘自净能力强，水体清洁，但单产低、土地利用率低、效益不稳定。养殖池塘中，大口黑鲈生活在水体的中上层，而河蟹生活在池塘的底部，在水体空间上刚好错开。若在池塘中同时养殖大口黑鲈和河蟹，既可利用养殖空间，又可利用河蟹清除大口黑鲈的残饵，保持水体清洁。

大口黑鲈和河蟹混养"三一模式"是近年来兴起的绿色生态养殖模式，在南京市得到了快速发展。河蟹和大口黑鲈混养模式对养殖技术的要求并不高，但是经济效益好，能达到亩产河蟹 50 千克、大口黑鲈 1 000 千克，亩纯效益 10 000 元，被称为"三一模式"。该模式就是在每年的 2 月投放河蟹苗 800 只/亩，3—4 月投放经过驯化的大规格大口黑鲈鱼种 2 500 尾/亩。上市时，母河蟹平均体重 150 克以上，公河蟹平均体重 200 克以上，且 250 克以上的河蟹较多，亩产河蟹 50～60 千克、大口黑鲈 1 000 千克，大口黑鲈上市规格为 450 克/尾以上。大口黑鲈每年 7—9 月塘口价保持在 40 元/千克以上已经近 10 年，其他月份价格稍低，但也都能在 18 元/千克以上。该模式的技术优势就是抢在 9 月、10 月上市，商品鱼销售价格高，养殖亩均效益达到 10 000 元以上。养殖用水只进

不出、零排放，养殖池水体通过种植水草，达到水质自我调控、自
我净化。大口黑鲈和河蟹混养"三一模式"在南京市高淳区多家家
庭农场和合作社成功推广了约2 000亩，在周边区域也有较大面积
的推广，辐射带动超过5 000亩。该模式的具体要求如下：

（一）池塘要求

池塘面积为6～30亩，池塘（图3-41）应选择在水源充足、无
污染的地方，进、排水系统配套，池水深达1.5米以上，坡比为
1：2。池底淤泥深度不超过10厘米。每5亩配备2台1.5千瓦的
增氧机或者全塘配备微孔增氧设备。配备柴油水泵或者发电机组，
以防停电造成缺氧。

图 3-41　养殖池塘

（二）养殖技术要点

在春节前清塘消毒，注水、种植水草（图3-42）。新塘口放养
螺蛳，25千克/亩，作为种螺。鱼种放养前，在池塘投料处沿着塘
埂围一个长方形的网圈，网圈在水中浸泡10天以上，以防止鱼体
擦伤。鱼种放养在围网中集中驯食和暂养。重点做好肥水管理，水
质做到肥、活、嫩、爽。大口黑鲈全程投喂浮料，河蟹在9月适当
投喂育肥。

图 3-42 池塘中水草生长情况

（三）模式特点

不改变现有的河蟹池塘结构，便于快速推广大口黑鲈和河蟹混养模式，不改变河蟹规格大、上市早、品质好、风味鲜的优势，提高了养殖效益（图 3-43）。

图 3-43 收获的河蟹

（四）模式优点

大口黑鲈和河蟹混养模式的优势在于，一方面，在养殖初期通过大口黑鲈鱼种摄食吃水草的水蜈蚣，使得水草长势好、水质清新，利于河蟹的生长、降低发病率；另一方面，大口黑鲈的粪便促进了螺蛳的繁殖，进而起到了净化水质的作用，解决了传统养殖方式污染大、劳动强度大、发病率高的难题，养殖成本也下降了30%。

五、大口黑鲈与黄颡鱼混养模式

(一) 养殖条件

对鱼塘进行干塘，回水之前，用 20 目的筛绢网间隔两个 200 米²左右的小水体，一个准备用于培育大口黑鲈鱼苗，另一个准备用于培育黄颡鱼鱼苗。这些准备工作做好后回水至 30 厘米深，再用茶麸（15 千克/亩）加渔用硫酸铜硫酸亚铁（灭虫精）（0.2 毫克/升）进行全塘泼洒，毒死鱼塘内的野生鱼、虾、寄生虫等。毒塘 2 天之后再用 60 目的筛绢网包住进水口，回水至 1 米深。然后进行培水，如果是有机物质较多的旧塘，一般不用再施肥，如果是新挖鱼塘，有机物质少，需施发酵过的有机肥，使鱼塘水质保持嫩绿色，透明度保持在 25 厘米左右。

(二) 苗种放养

毒塘 1 周之后，用鱼苗进行试水，试水没问题后即可放苗。鱼种放苗密度为：大口黑鲈鱼苗规格为 3 厘米，可放养 8 000 尾/亩；黄颡鱼鱼苗规格为 2~3 厘米，可放养 2 500 尾/亩。大口黑鲈和黄颡鱼小苗分别放入分隔的小水体中精心培育。

(三) 饲养管理

根据黄颡鱼和大口黑鲈各自不同的生活习性、不同的摄食和活动水层以及相似的食性，进行黄颡鱼和大口黑鲈混养，可充分利用鱼塘水体空间，提高投喂饲料的利用率和养殖效益。大口黑鲈鱼苗先用"水蛛"投喂 2~3 天，待其稳定之后用"水蛛"加配合饲料混合投喂，并逐渐过渡到投喂配合饲料，然后根据鱼体规格大小投喂各种型号的配合饲料。黄颡鱼鱼苗也是先投喂"水蛛"，待其稳定之后可直接投喂软性的人工配合饲料。当大口黑鲈鱼苗长至10厘米左右，黄颡鱼鱼苗大部分长至12厘米左右时，分别拆掉筛绢网，使鱼进入大水体养殖。这样做的好处是小水体可提高鱼苗的成活率，减少饲料浪费，有利于促进养殖鱼类的生长。另外，2～3厘米的大口黑鲈鱼苗与黄颡鱼鱼苗混养，大口黑鲈鱼苗比黄颡鱼鱼苗生长快，大口黑鲈鱼苗会残食黄颡鱼鱼苗，造成黄颡鱼鱼苗的养殖成活率大大降低。当黄颡鱼鱼苗长至12厘米以上时，与大口黑鲈鱼苗混养在一起，大口黑鲈鱼苗已不能捕食大规格的黄颡鱼鱼苗，一部分生长较慢的雌性黄颡鱼鱼苗，由于规格小，本应人为淘汰，但大口黑鲈可把生长较慢的雌性黄颡鱼鱼苗吃掉，减少人为操作造成的死亡。

六、大口黑鲈高位池塘循环水养殖模式

在四川省兴起的大口黑鲈高位池塘循环水养殖模式与现有的常规土塘养殖相比，具有放养量大和养殖成活率高的优点，是一种"高效、优质、生态、健康、安全"的鱼植共生的综合套养循环养殖模式，可以促进水产养殖产业可持续健康发展。由于常规土塘或水泥池塘进行大口黑鲈养殖，土地利用率较低，同时仅使用常规注排水方法进行水体交换，水体中的有害物质和营养物质并不能得到充分降解和利用，对养殖水体的富营养化无法进行控制和利用，造成养殖鱼类产量下降。同时，大量养殖水的排放对自然水体存在潜在的污染风险，甚至破坏生态环境，限制了产业可持续健康发展。大口黑鲈高位池塘循环水养殖模式具有以下优点：①可以降低养殖成本，提高饲料利用率，以渔菜（中草药、蔬菜等）综合种养的方式，提高单位水体的利用率，减少土地使用量；②可以提高养殖水体的净化能力和利用率，减少富营养化水体的排放，利用滤食性鱼类和植物（中草药、蔬菜等）综合种养进行水体净化，降低水体中的氨氮含量，同时对固体废物和残渣进行过滤和沉降，提高水体的净化能力，达到零排放，满足环境保护的需求；③利用高水位池塘

进行高密度养殖大大提高了大口黑鲈规格的一致性和产量，节省了管理成本，收获时获得的副产品可显著提高经济效益；④提高了疾病控制的效果，减少药物使用量，降低水体药物残留，提高水产品的质量安全。

　　大口黑鲈高位池塘循环水养殖模式包括循环连接的高水位养殖池、一级沉降循环池、二级净化循环池、三级净化循环池、储水池和储水塔；高水位池塘底部的漏斗状结构设有排水管连通一级沉降循环池；一级沉降循环池包括依次紧密排列的五级池；二级净化循环池、三级净化循环池、储水池内设漂浮式水培植物种植架。该模式的示意图如图 3-44 所示，包括循环连接的高水位池塘、一级沉

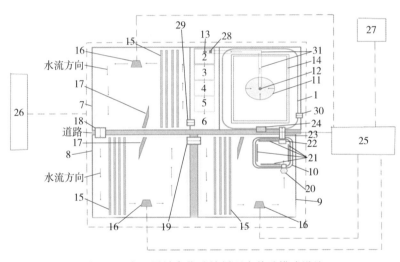

图 3-44　大口黑鲈高位池塘循环水养殖模式设施

1. 高水位池塘　2. Ⅰ级池　3. Ⅱ级池　4. Ⅲ级池　5. Ⅳ级池　6. Ⅴ级池
7. 二级净化循环池　8. 三级净化循环池　9. 储水池　10. 储水塔　11. 漏斗状结构
12. 漏斗状结构排水口　13. 出水口　14. 微孔增氧管线　15. 漂浮式水培植物种植架
16. 智能增氧机　17. 导流板　18. 二级净化循环池与三级净化循环池连通管道
19. 三级净化循环池与储水池连通管道　20. 水泵　21. 四组紫外灯
22. 消毒、净水药品投放箱　23. 回水口　24. 投饵机　25. PLC 主控制器
26. 水质在线监控装置　27. 显示屏　28. 水位调节阀
29. Ⅴ级池与二级净化循环池连通管道　30. 补水口　31. 排水管

降循环池、二级净化循环池、三级净化循环池、储水池和储水塔。所述养殖模式还包括物联网管理系统，物联网管理系统包括 PLC 主控制器、水质在线监控装置、投饵机、智能增氧机、显示屏，其中 PLC 主控制器分别与水质在线监控装置、投饵机、智能增氧机、显示屏连接。水质在线监控装置用于对高水位池塘、一级沉降循环池、二级净化循环池、三级净化循环池、储水池和储水塔的水质成分进行监测分析，并将分析数据传送至 PLC 主控制器处理后在显示屏上实时呈现，便于实时监控水质、养殖状态；投饵机、智能增氧机在 PLC 主控制器的控制下可分别实现自动定时定量投喂和增氧，可降低管理成本。

高水位池塘长 25.0 米，宽 20.0 米，深 2.5～3.0 米，构建出横截面积为 500～666 米^2、体积为 1 250～1 500 米^3 的高水位养殖池，其底部为漏斗状结构。漏斗状结构底部设有排水管连通一级沉降循环池，并且漏斗状结构的坡度不超过 10°，有利于养殖期间废物的排放和清理（图 3-45）。漏斗状结构底部排水管的出水口处还设有水位调节阀，用于控制高水位池塘的水位。高水位池塘设有回水口和补水口，高水位池塘与储水塔通过该回水口连接，并且回水口与高水位池塘池壁的角度呈 30°～45°，在这种角度范围内，当循环水流回高水位池塘时不会产生过大的冲击力，从而减少对养殖鱼类的应激，同时使池塘水体产生微弱漩涡有利于排污；补水口用于向高水位池塘内引入新水。高水位池塘内还设有微孔增氧管线，用

图 3-45 高水位池塘

于增加高密度养殖时水体的溶解氧，有利于养殖鱼类的生存和生长。

一级沉降循环池包括依次紧密排列的Ⅰ级池、Ⅱ级池、Ⅲ级池、Ⅳ级池和Ⅴ级池，主要用于调节水位和初级沉降（图3-46）。相邻池之间的高度差为0.2米，便于沉降水自然流入下一级池以节省能耗；每级池长5.0米，宽5.0米，深2.5～3.0米，相邻池之间用隔板隔开，并且底部不相通，这种分隔式设计有利于逐级沉降，提高沉降效率。同时，有利于沉降物的收集清理，可以清除40%～60%的固体残渣。

图3-46 一级沉降循环池

二级净化循环池采用水泥池塘或传统土塘均可，如以水泥池塘作为二级净化循环池，面积1亩左右为宜，水深在1.5米左右；如以传统土塘作为二级净化循环池，则应在池底铺设防渗薄膜以减少池塘水的渗漏，面积1亩左右为宜，水深1.5米左右（图3-47）。二级净化循环池与一级沉降循环池的Ⅴ级池相连通，并且两者高度差为0.2米，使通过一级沉降循环池后的水体自然进入二级净化循环池中，进一步节省能耗。二级净化循环池内设漂浮式水培植物种植架，种植架的面积按照二级净化循环池面积的15%～20%设置，种植架用于中草药和蔬菜的种植，主要种类有空心菜、生菜，以及经济价值较高的薄荷、鱼腥草等经济植物。这种循环水培植物可以利用养殖水体中过量的氨氮，降低水体中的亚硝酸盐含量，有利于水体的净化。漂浮式水培植物种植架由PVC管通过绳索连接而成，并用绳索固定在各池边缘处，以便于水培植物的采摘和池塘管理。此外，在二级净化循环池中还配备有小型的智能增氧机和导流板，使二级净化循环池中的水体可以沿着单一方向循环流动，有利于水体中营养物质的充分释放和利用，同时可以进一步进行沉降（图3-48）。二级净化循环池中放养鲢和鳙进行综合套养，通过滤食降低水体富营养化产生的藻类，进一步净化水体。鱼苗的投放量为每亩 1 000 尾，规格 30～50 克/尾。二级净化循环池末端与三级净化循环池相连通。

图 3-47　二级净化循环池（1）

图 3-48　二级净化循环池（2）

　　三级净化循环池的设置方式同二级净化循环池，三级净化循环池末端与储水池相连通（图 3-49）。储水池的设计方式同二级净化循环池，长 10 米，宽 10 米，但其漂浮式水培植物种植架主要用于薄荷、鱼腥草等中草药的种植。采用底部水流和上部水流交替流动的方式，有利于物质循环。这种循环水培植物可以利用养殖水体中过量的氨氮，同时中草药在水培过程中根系会与水体一些物质进行交换，中草药根系释放的多肽等物质有利于鱼类的生长和抗病，绿色健康。并且池中不进行鲢和鳙的套养，以防破坏水质。储水池通过管道与储水塔相连通，通过水泵将储水池中的净化水输送到储水塔中储存，水泵的功率不宜过大，储水量应适量。

图 3-49　三级净化循环池

储水塔塔深 1.5～2.0 米，同时储水塔应高于高水位池塘，储水塔底部与高水位池塘的回水口相连通，有利于水体回流。储水塔内应配置消毒灭菌装置，具体为：储水塔内壁加装四组紫外灯，作为主要的灭菌装置；出水口处设置消毒、净水药品投放箱，便于定期对回水进行消毒。

七、池塘内循环流水养殖模式

池塘内循环流水养殖模式是将池塘作为一个循环系统，集设施养殖、池塘养殖、流水养殖和水处理技术于一体的一项新技术，即在池塘中固定几个流水单元池进行高密度养殖，通过机械装置使养殖水体循环流动，并在养鱼池后端设置排泄物收集装置，及时清理鱼体排泄物及其他废物。同时，合理配置大池塘内的生物种类和数量，进行原位处理，实现养殖废水的对外零排放。此项技术是由美国奥本大学的 Jesse Chappell 等历经 10 余年研发与应用的一项低碳环保、节水节能、高产高效模式。2013 年，由美国大豆出口协会驻上海办事处引进，在江苏省率先进行该模式养殖草鱼的试验与探索，取得了成功。随后又在江苏、安徽、浙江、上海等地推广应用，并取得较好成效。

在传统养鱼模式中，一般水塘或者小型水库中的水相对静止，鱼在水中自由活动，而池塘内循环流水养殖模式颠覆了传统，一字排开的养殖水槽两头装着拦鱼栅，前面的"推水增氧"装置使两边塘水 24 小时循环流动，后面的吸污装置则时刻收集鱼粪、残饵。把鱼限制在相对狭小的空间中，而让流动的水不间断地在"跑道"内流过，带来氧气、食物，带走粪便、残渣。推水增氧让一塘静水动起来，养殖过程中产生的鱼粪和残存的饲料，顺着循环水流进入吸污水道，约 80% 可以被回收制成有机肥，剩下的 20% 则由已经建成的鱼塘底排污系统收集利用，整个过程零水体外排。外围鱼塘里饲养鳙、鲢等滤食性鱼类，还有浮游生物和水生植物进一步净化水质。

（一）基础设施

1. 环境要求

光照充足，水源充沛，周边无污染源，交通、电力设施便利。养殖环境条件应符合 NY 5361 的规定，水源水质符合 GB 11607 的规定。池塘要求以长方形、东西走向为宜，面积一般在 13 340 米^2（20 亩）以上、池深 2.0～2.5 米，埂内坡比 1：（1.5～3），进排水配套完善。

2. 系统布局

池塘内循环流水养殖系统布局见图 3-50，分为流水养鱼区和循环水净化处理区两部分。流水养鱼区面积占池塘总面积的 1.5%～2.0%，循环水净化处理区占池塘总面积的 98%～98.5%。在池塘中设置导流堤，一端与水槽外墙体相连，另一端距对岸的留空宽度应约为流水养鱼区的水槽总宽度，以平顺地引导池塘循环水流。池塘外另设尾水处理池，分为沉淀池和尾水处理池。沉淀池为砖混结构池或土池，容积 200 米³ 以上为宜；尾水处理池一般为土池，面积为池塘总面积的 10％～15％，池内可种植水生植物，投放适量螺蛳、河蚌等品种。

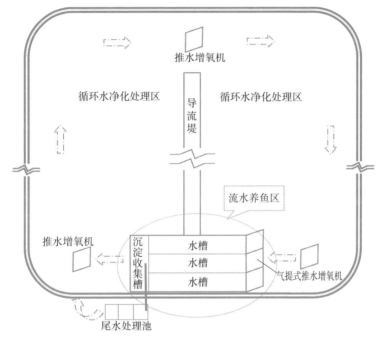

图 3-50　池塘内循环流水养殖系统布局

3. 水槽要求

水槽宜建于池塘长边便于交通出入的一侧，长方形，单条水槽养殖区长 22.0～23.0 米、宽 5.0 米、高 2.0～2.5 米；沉淀收集槽建于水槽末端，长为并列水槽的总宽、宽为 3.0～4.0 米。

建造前须平整池底，底部、隔墙、挡墙等主体部分可采用钢筋砖混结构、不锈钢材料或玻璃钢等；推水端与沉淀收集槽底部须加建挡墙，推水端挡墙高度以与气提式推水增氧机的微孔曝气单元下平面高度持平为度，70～80 厘米为宜，沉淀收集槽挡墙高 60～70 厘米。钢筋砖混结构的槽底、隔墙、挡墙的建造应符合《混凝土结构工程施工规范》（GB 50666—2011）、《砌体结构工程施工规范》

（GB 50924—2014）的规定。水槽结构截面具体见图 3-51。

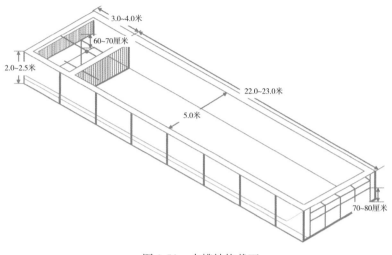

图 3-51　水槽结构截面

4. 设备配套

（1）气提式推水增氧装置　由数套气提式推水增氧机通过气管串联，对应安装在每条水槽槽体推水端。每套气提式推水增氧机由 1 台 2.2 千瓦或 3.0 千瓦的漩涡鼓风机或罗茨鼓风机，间距 20 厘米平均分布的微孔管制成 1.2 米×1.05 米的 4 个微孔曝气单元，与微孔曝气单元呈 350°设置的单片规格为 1.3 米×5.0 米推水导流板，支架，浮船等共同组成。

（2）底部增氧装置　由 1 台 3.0 千瓦漩涡鼓风机或罗茨鼓风机与充气总管、支管和微孔管等组成，微孔管每根长 2 米，每侧 8～9 根，沿槽壁方向平行设置，均匀分布在水槽底部两侧。在距沉淀收集槽 6～8 米区域不设微孔充气管。

（3）辅助推水增氧装置　在池塘导流堤顶端距对岸空档处设置 1～3 台 2.2 千瓦的推水增氧机，并在近水槽推水端上游增设 1～2 台 2.2 千瓦的推水增氧机。

（4）吸污装置　由吸污泵、吸污头、排污管、引导轨道、电控箱等组成，将吸污装置安装在水槽末端的沉淀收集槽上，可选择固定安装或可移动的安装方式在水槽末端的沉淀收集槽上。吸污泵功率3～4千瓦为宜，一端与排污管相连，另一端接入废水沉淀池。

（5）辅助设施

①拦鱼栅。将不锈钢网片等绷夹在滤网框上，分别安装在水槽上水口、下水口及沉淀收集槽的插槽内。

②防撞网。将聚乙烯网片等绷夹在滤网框上，安装在水槽上水口的插槽内。网目大小根据放养鱼种的规格进行选择。

③走道。用木板、水泥板或钢板等在水槽上方铺设。

④其他。配备发电机、捕鱼设备、水质在线系统和自动投饲机等。

（二）放养准备

放养前40天左右，每亩池塘用生石灰75～100千克化浆后全池泼洒，10～15天后再往池塘注水，注水口用60目绢网过滤，至水深1.2～1.5米，并进行设备调试。鱼种放养前7天，每亩池塘每米水深撒漂白粉0.6～1千克进行全池消毒，待毒性消失后即可放养。

（三）苗种放养

每条水槽放养经人工配合饲料驯化后的大口黑鲈15 000～25 000尾，规格10～20克/尾。池塘循环区放养规格150克/尾左右的鳙20～30尾/亩、鲢70～80尾/亩。另外，也可搭配适量中华鳖、青虾等名特优水产品。

鱼种放养应选择晴天进行，水温15℃以上为宜。放养时先将鱼种经浓度2%～3%食盐水浸泡5～10分钟，然后贴近水面放入水槽内，注意运输水温与水槽水温差小于2℃。

（四）饲养管理

选择适用于养殖品种的浮性膨化配合饲料，粒径大小根据鱼体生长适时调整。配合饲料安全限量应符合 NY 5072 的要求。

鱼种放养 1～2 天后即可进行驯食。先在水槽近推水端少量投喂，每天 4～5 次，控制投饲速度，以饲料不漂出水槽为度，也可在水槽中部水面设浮杆阻拦饲料，待大部分鱼能上食后，采用"四定"原则。即养殖前期每天分别于 6：00、12：00、18：00 在水槽上游各投喂 1 次，6 月起每天分别于 6：00、18：00 各投喂 1 次。投饲量为各水槽内存塘鱼体重的 1.5%～2.5%。适当控制投饲速度，基本控制在 30～45 分钟吃完。具体可视鱼体大小、水温、天气、鱼体吃食和活动情况等适时调整。

（五）日常管理

1. 水位控制

养殖前期保持水槽水深 1.2～1.3 米，中后期逐渐加高水位，直至水槽水深 1.6～1.8 米，高温季节保持水槽高水位。

2. 水槽增氧

鱼种放养前期，以 24 小时不间断开启底部增氧机为主，不开或少开气提式推水增氧装置；待鱼种适应水槽环境后再适时开启气提式推水增氧装置，并保持 24 小时不间断开动。养殖前期可开动其中的 1～2 套，养殖过程中视天气状况逐步增加气提式推水增氧装置开启的数量直到至全部开启。平时可根据水体溶解氧的监测数据和池鱼存塘量适时开启底部增氧机。

3. 水槽吸污

前期每天早晚投料后 1 小时左右各吸污 1 次，每次吸污约 7 分钟，至吸出污水与池水同色；中后期吸污次数增加至 3～5 次，或延长吸污时间每次 10～15 分钟；9 月下旬起减少至每天 2 次，具体视吸出来污水的状况而定。

4. 水质调控

可在池塘净化处理区适当种植水生植物、投放适量螺蚌，保持水质肥活嫩爽。每隔 20～30 天，交替泼洒二氧化氯、溴氯海因，或生石灰化浆后泼洒等。视天气、水质和存塘量等适时开机增氧。

5. 巡塘检查

坚持每天早、中、夜巡塘，检查鱼吃食、水质变化和鱼活动情况；注意维护设备，每15天清理一次风机进风口防尘罩、清洗水槽拦网和微孔增氧管等。

6. 日常记录

做好苗种、饲料等投入品和销售的日常记录；定时检测并记录水温、溶解氧、pH等水质指标；定时检查养殖品种的生长情况，测量并记录其体长和体重；做好增氧设备开关机时间、水槽吸污、水质调控等管理措施的记录。

（六）捕捞上市

根据鱼体生长情况与市场行情等适时分养或捕大留小上市。

八、湖泊大口黑鲈网箱养殖模式

（一）养殖条件

养殖区常选择在湖泊库湾沿岸水域。养殖区环境安静，水质清新，湖底平坦，淤泥较少，水深在3米以上。具体模式见彩图29。

（二）网箱设置

养殖区内网箱应当设置成鱼网箱和鱼种网箱，规格可以设置不同大小，鱼种网箱略偏小一些。成鱼网箱用9股聚乙烯有结10号网片制成，鱼种网箱用20目的被网和无结网片制成。网箱规格为4米×8米×2米，入水深3米以上。网箱为敞口框架浮动式，采用6分镀锌管焊接网箱框架，呈网格状布置，排列方向与水流方向垂直，排与排之间设过道，其上铺设木板以方便工作及行走，下面用铁油桶作浮子。网箱整体采用抛锚及用绳索拉到岸上固定，可随湖水水位涨落而浮动。网箱迁移时，借助水位变动可用拖船移动（彩图30）。

107

(三)网箱养殖

购入已驯化好摄食饲料的全长 3~5 厘米的大口黑鲈夏花鱼种，先在鱼种网箱分级培育。因为大口黑鲈鱼种生长快及具有相互残杀的习性，所以此阶段需做好过筛分养，通过将不同大小大口黑鲈鱼种分开饲养，可以减少互相残杀，提高养殖成活率。一般前期每隔 7 天左右，用鱼筛过筛分养，后期每隔 2 周左右，分别用稍大的鱼筛过筛分养，等鱼种体重达到每尾 10 克以上后就进行成鱼养殖，也不再需要过筛，以避免过筛影响其摄食生长。大口黑鲈放养密度与鱼种大小成反比，鱼种规格 4~5 厘米/尾放养 1 000~1 200 尾/米^2；10 厘米规格放养 400~500 尾/米^2；成鱼养殖放养密度为 100~150 尾/米^2。成鱼养殖中，以大口黑鲈为主养鱼种，适当混养几尾规格比大口黑鲈大 2 倍的鳙或草鱼鱼种，以充分利用残饵和网箱水体空间、净化水质，不另投饵。

(四)饲养管理

大口黑鲈为肉食性的凶猛鱼类，食欲旺盛，生长迅速，根据鱼体规格大小投喂不同型号的大口黑鲈专用配合饲料，每天早、中、晚投喂 3 次，约饲养 20 天后改为每天上、下午投喂 2 次，日投喂量为鱼体重的 1%~6%。定期检查大口黑鲈的生长情况，及时调整投饵量，并做好记录。

第四章 大口黑鲈养殖实例

一、佛山市池塘高产高效养殖模式实例

实例 1

佛山市南海区九江镇南金村连片大口黑鲈养殖区的池塘布局和规格接近一致，大小约 6 亩，水深为 3.5 米以上。佛山市南海区九江镇南金村某养殖户有大口黑鲈养殖池塘 2 口，总面积为 12 亩，每个池塘配备增氧机 6 台。2018 年 5 月 16 日，放入鱼种，平均体重为 25 克/尾，每亩放养大口黑鲈鱼种 1.1 万尾。9 月 28 日开始捕捞商品规格鱼上市，至翌年 6 月 5 日捕捞最后一批上市完毕。经统计，平均亩产量可达 6 146 千克左右，亩均利润 4.5 万元。该养殖户养殖取得了非常好的经济效益，亩产量达到了最高的产量，但属于少数特别的例子。总体上南金村的大口黑鲈池塘养殖亩产量为 3 500～4 000 千克，养殖效益能保持在每亩 1 万元以上。

在南海区九江镇南金村的另一位养殖户全程采用配合饲料养殖大口黑鲈。2018 年 2 月 8 日，于 3 口塘（共 13 亩，以下一起合计）中总共投放大口黑鲈水花 200 万尾。6 月 15 日，将自己培育的鱼种分塘进行成鱼养殖，鱼种规格约为 41.7 克/尾，总数量为 11 万尾，混养少量鳙和鲫。至翌年 5 月 18 日销售完毕，累计生产大口黑鲈商品鱼 50 732 千克，亩产大口黑鲈 3 902 千克，亩均利润为 2.4 万元，不将杂鱼计算在内的话全程养殖的饲料系数为 1.14。

实例 2

佛山市顺德区乐从镇某大口黑鲈养殖户的养殖情况,养殖池塘一口,面积为 7.5 亩,池塘水深达 2.5 米以上,配增氧机 8 台。2018 年 3 月,在池塘中放养水花进行鱼种培育。7 月 19 日,培育的鱼种平均体重为 38.5 克,总放养数量为 6.1 万尾,另放养鲫4 000 尾、鳙 450 尾。11 月 16 日,进行头篰商品鱼销售,上市规格平均为 0.48 千克/尾。到 2019 年 3 月,上市销售完毕,共卖出大口黑鲈 31 417 千克、鲫和鳙 1 479 千克。经统计,饵料系数为 1.05,亩均利润达 1.82 万元。该养殖户在养殖过程中重视对增氧机的使用,认为只有平时舍得适当多开增氧机是养鱼顺利和效果好的关键。保持经常开增氧机,并且整个过程坚持使用有益菌调理水质,定期改底,保持水质清爽,各项水质指标长期维持稳定。全程采用配合饲料饲养过程中,病害比较少,而且增加投喂量的养殖效果也比较理想,所以整个养殖结束后投入的药费不多。在投喂策略方面,及时根据天气、水质和鱼的摄食状态进行灵活调整,既保持了比较好的生长速度,又不至于过量投喂造成浪费,养殖成本相对较低。

实例 3

佛山市三水区勇大养殖有限公司的养殖情况,池塘面积为 2.6亩,水深约 1.8 米,安装 2 台 1.5 千瓦的增氧机。2017 年 4 月 29日,放入 188 尾/千克的大口黑鲈"优鲈 3 号"鱼种 2 万尾。另外,投入 160 尾/千克鲫鱼苗种 1 500 尾,全程投喂中粮饲料公司的大口黑鲈饲料,6 月后视气压情况在黎明或傍晚开 1~2 小时增氧机,用微生态制剂调水 1 次,按大口黑鲈常规养殖方法管理。当年 11月 27 日开始第 1 批销售商品鱼,12 月 26 日第 2 批销售时清塘售完。共产出大口黑鲈 5 750 千克,平均体重 0.43 千克,另有 0.40千克的鲫约 500 千克和少量的鳙。经过 8 个月养殖,2.6 亩塘共生产大口黑鲈和鲫等 6 132 千克,平均亩产 2 358.5 千克,产值116 300 元,总利润为 116 300 元－88 370 元＝27 930 元,平均每亩利润 10 742.3 元。

二、苏州市大口黑鲈"优鲈1号"池塘养殖模式

1. 当年养殖模式

苏州市吴江区某养殖户养殖大口黑鲈"优鲈1号",一口池塘,面积为14亩,水深2米。2019年3月25日,放入35 000尾鱼种,平均规格为3.8克/尾,采用大口黑鲈专用配合饲料饲养,经过5个多月养殖,9月9日采取统货上市方式销售成鱼,最大规格成鱼体重0.65千克,350克以上的成鱼占比为65%,鱼价33.2元/千克,总计上市量为12 050千克。在成本方面,鱼塘塘租33 000元,饲料11.2吨140 000元,苗种56 000元,水电药费10 000元,人工14 000元。总利润约为147 060元,亩均利润为1.05万元。

2. 二年养殖模式

采取轮捕上市,翌年才销售完毕,主要避开大口黑鲈年底集中上市,价格较低,等待翌年价格上涨时再销售。苏州市吴江区芦墟镇某养殖户的养殖情况,池塘面积为18亩,配备4台3千瓦的增氧机。2017年5月15日,放养6万尾鱼种,平均体重为3.1克。2018年7月20日,开始销售商品规格成鱼,至2018年9月16日销售完毕,平均亩产大口黑鲈1 444.5千克。苏州市吴江区同里镇某养殖户的养殖生产成本及效益,池塘面积为14亩,配备5台3千瓦的增氧机。2017年5月29日,放养5.6万尾鱼种,平均体重为2.5克。2018年6月20日,开始销售商品规格成鱼,至2018年9月14日销售完毕,平均亩产大口黑鲈1 928.5千克。这种模式并没有采取常见的统货上市,而是选择分批上市,既保证了较高的养殖产量,又取得了良好的经济效益。

在苏州地区老口池塘产量普遍较低,超过1 250千克/亩的相对少。通过分析这种二年养殖模式的养殖情况,总结起来有以下几个技术要点:

第一,选好种苗。养殖户都普遍选择养殖新品种大口黑鲈"优鲈1号"。养殖户在2017年3月26日购买60万尾水花发塘,4月

中旬用优质苗料进行驯化,筛选头批苗种留下来养殖,剩下的卖给其他养殖户。

第二,保持良好的水质。在成鱼养殖池塘还套养鲫和鳙用来调节水质、清除残饵。在养鱼之前就做好推掉淤泥、晒干塘底、彻底消毒清塘工作。大口黑鲈鱼苗放养后养殖前期肥好水,养殖中后期定期用底改加补菌补藻,少量多次换水,多开增氧机保证水体溶解氧充足,这样鲈鱼苗才能吃得欢、长得快。在水质调理方面,经常用微生态制剂调水,培育好水质,如果需要的话还会适度换水。

第三,科学投喂。在众多饲料品牌当中,每个品牌技术研发和突破的侧重点也各不相同,所以造成了每个饲料品牌的饲养效果各有特点。针对市面上很多品牌的配合饲料,需要选择质量好,适合自己的品牌饲料。在生产上密切关注大口黑鲈每天的摄食情况,鱼体体表颜色,定期打样计算生长率与阶段饵料系数,每半个月定期解剖一两尾鱼观察鱼体健康度、消化系统,特别是肝的颜色、大小等情况。

第四,做好日常管理。鱼塘养殖是一个长期过程,需要每天喂好料管好水,还要经常在池塘边巡塘看看有没有出红虫、有没有转水倒藻,要定期抓几尾鱼看看有没有寄生虫叮咬,解剖一两尾看看内脏健康状况如何,如发现异常情况应及时处理。

三、湖南大口黑鲈池塘养殖模式

湖南华容县是华中地区大口黑鲈养殖的主产区,该地区的主流养殖模式是4月投放大口黑鲈水花,当年养成0.25～0.45千克,翌年4月开始出售成鱼,大口黑鲈商品鱼规格是0.45～0.7千克,到翌年10—11月干塘,养殖周期长达18个月。由于受养殖理念、模式和技术的影响,华容县大部分养殖户需要将大口黑鲈养殖到翌年才能上市完毕。湖南华容月亮湖渔场某位养殖户养殖大口黑鲈的情况,2018年6月5日放入大规格鱼种,2019年3月22日开始上市卖鱼，直至 9 月 12 日全塘鱼销售完毕，全程投喂 26 吨配合饲料，共出鱼近 20 吨，饵料系数约为 1.33，亩纯利润达到 3 万元以上。在养殖过程中定期调水改底解毒，保证池塘良好的环境。在夏季高温期，定期加注新水，有利于降温，保障大口黑鲈正常摄食。华容县月亮湖渔场另一位大口黑鲈养殖户的养殖情况，2018 年 5 月 25 日，7 亩池塘放养平均体重为 6.25 克的鱼种 17 000 尾。2019 年 3 月 10 日，成鱼规格已经达到上市标准，第 1 次卖鱼 3 375 千克。截至 3 月 27 日，总共出鱼 3 次，总计销售大口黑鲈商品鱼 7 969 千克，饵料系数为 0.9。人工饲养大口黑鲈时，因为长期投入高蛋白饲料，残饵、粪便较多，富营养化严重，易产生蓝绿藻，底质腐败发黑发臭，破坏生态平衡。所以在养殖过程中定期调水改底解毒，保障池塘良好的环境。高温天气下定期加注新水，有利于降温，促进大口黑鲈吃料。在全程饲料投喂下池塘氨氮、亚硝酸盐等指标都维持在正常范围之内，保证饲料的有效投喂时间。

四、浙江省大口黑鲈池塘养殖模式

湖州地区养殖区域非常广，除安吉县外，其余各县镇都有大规模的养殖面积。湖州大口黑鲈苗种主要有广东苗和本地苗两种。本地苗中以大口黑鲈"优鲈 1 号"为主。湖州地区大口黑鲈水花下塘时间都从 3 月中旬开始，驯食饲料一般从鱼体长 3 厘米开始。鱼苗下塘前首先要通过施肥培育出供鱼苗吃食生长的浮游生物，如轮虫、枝角类和桡足类等，一般持续 3 周，如果浮游生物不够，可额外从其他地方捞取浮游生物补充到鱼塘。鱼苗长至 3 厘米以后，开始驯化投喂水蚤和鱼浆的混合饵料，前面慢慢减少水蚤的量，增大鱼浆的比率，直至完全投喂鱼浆。全部驯化摄食鱼浆后，再在鱼浆中加入小颗粒配合饲料，使鱼种快速接受配合饲料，持续 1 周左右即可全部转食配合饲料。驯化好的鱼苗生长快，大约 1 周需要过筛 1 次，以避免大吃小，提高养殖成活率。达到 10 厘米左右规格的鱼种时，可以进入成鱼养殖塘进行养殖。也有部分养殖户直接开始驯化投喂水蚤和配合饲料的混合饵料，这样可以减少工作量，同样取得了不错的驯化效果。

　　大口黑鲈成鱼养殖一般开始于5月中下旬至6月中上旬，多在8～15亩的精养池中养殖，放养密度一般为2 000～4 000尾/亩，放养规格一般为60～160尾/千克。成鱼养殖通常情况下都会套养一些鲢和鳙，鳙和鲢数量相当，各约20尾/亩，规格都是约65克/尾。为了减少投喂饲料的浪费，大多数养殖户会在饵料台附近用网围成一个圈（图4-1），面积一般为20～30米^2。这样不仅可以让大口黑鲈集中采食，而且还可以防止膨化饲料被吹散到岸边造成浪费。成鱼养殖期间投饲频率一般每天2次，此外也要视吃食情况和天气情况等条件而定。在高温天气有的养殖户选择在饵料台上面搭一层遮阳网，以便给投饵区的水域降温，促进大口黑鲈吃食，或者对有条件的池塘提高池塘水位，降低池塘水温，促使大口黑鲈更好地摄食。湖州地区大口黑鲈的出塘卖鱼时间一般从10月开始，亩产量能达到1 000千克以上，饵料系数一般维持在0.9～1.1，有些养得好的在9月底就可以卖鱼，并且价格较高。

图4-1　饵料台

　　浙江省湖州市菱湖镇陈邑村是浙江省著名的大口黑鲈养殖专业村，该村大口黑鲈总养殖面积约达 3 000 亩，池塘面积多为 8～15 亩，主要放养大口黑鲈，同时适量套养河蟹、花鳕、鳙、鲢、黄颡鱼，充分利用水体的立体空间，提高鱼塘养殖效益。菱湖镇的一位养殖户于 2019 年 3 月 25 日在一口 10 亩的池塘中放养大口黑鲈"优鲈 1 号"水花 150 万尾，进行鱼苗培育和转食驯化，约 2 个月后共培育出 70 万尾鱼种，平均体重为 5 克/尾，卖掉 50 万尾，剩下的 20 万尾平均分配到 3 个约 16 亩的池塘进行成鱼养殖，到 2019 年 9 月 29 日采用统货销售方式全部卖掉，平均体重为 400 克，总产量为 7 吨，商品鱼单价为 22 元/千克，亩均纯利润 1 万元左右。

　　在浙江省杭州市余杭区的杭州余杭三白潭生态农业科技有限公司养殖基地，大口黑鲈养殖池塘单口面积为 5 亩，长方形，东西向，6 个池塘总面积为 30 亩，塘埂用水泥预制板护坡，池深 2.8 米，注排水条件良好。每口池塘配备 1.5 千瓦的叶轮式增氧机 3 台。水源为外河水，水量充足。取水口邻近三白潭自来水饮用水源保护区，水质良好。2015 年 3 月，抽干池水晒底，清除池底淤泥，用生石灰 75 千克/亩干法清塘消毒。鱼种放养前 1 周注入新水，水深 1～1.2 米，进水口用网目为 40 目的筛网过滤。2015 年 5 月 27 日，该公司从浙江省湖州市"优鲈 1 号"苗种繁育基地引进体质健壮、平均规格为 304 尾/千克、经人工驯食能摄食配合饲料的"优鲈 1 号"鱼种 7.0 万尾，全部放入其中一口试验池塘中。人工投喂饲料粗蛋白质含量为 45% 的大口黑鲈养殖用配合饲料，每天早上、中午、傍晚各投饲 1 次，每次投饲前先泼水 2～3 分钟，略停片刻后把少量饲料撒入水中，如此反复，每次投喂时间为 1 小时左右，投喂量以每次投至基本没有鱼种来抢食为止。如此标粗培育 15 天，再拉网捕出、过筛、分塘放养。2015 年 6 月 12 日，1～4 号池塘各放养经标粗的"优鲈 1 号"12 500 尾，放养密度 2 500 尾/亩，5 号池塘放养经标粗的"优鲈 1 号"10 800 尾，放养密度 2 160 尾/亩（"优鲈 1 号"实际总体池塘标粗成活率为 86.86%）。为提高池塘利用率，每亩试验池塘还混养了规格为 4～6 尾/千克的鳙 20 尾、鲢 30 尾，规格为 10 尾/千克的异育银鲫"中科 3 号"300 尾和规格为 4 厘米/尾的花䱻夏花鱼种 1 000 尾。

养殖期间，人工投喂饲料粗蛋白质含量为 43%～45% 的大口黑鲈养殖用配合饲料，具体以每次投至基本没有鱼种来抢食为止。6—9 月，每天 7:00—8:00、16:30—20:00 各投饲 1 次，日投喂量控制在鱼体重的 2%～5%；10 月，当池塘水温降至 15℃ 以下时，改为 13:00—14:00 投喂 1 次，日投喂量控制在鱼体重的 0.5%～1.5%；池塘水温降至 10℃ 以下时停食。翌年 3 月水温回升至 12℃ 以上时开食。

日常管理：①水质管理。鱼种放养前，池塘水位在 1.0～1.2 米，鱼种放养后每隔 5～7 天加注新水 1 次，每次加水 5～10 厘米。6 月中旬池水加至 1.5～1.8 米；7—9 月的高温季节，池水加至 2.2～2.5 米。每月用二氧化氯或碘制剂消毒水体 1 次，10 月中旬用阿维菌素全池泼洒 1 次。养殖期间控制池水透明度 20～30 厘米，冬季要将池水加至最高水位。②巡塘。做到早、中及夜晚巡塘，检查鱼吃食情况、水质变化情况等，发现问题及时采取措施。特别是天气闷热或有浮头预兆时，要及时开启增氧机，保持池水溶解氧在 4 毫克/升以上。

2016 年 3 月 18 日，对 1 号池捕捞成鱼，22 日彻底干塘，共起捕"优鲈 1 号"7 085 千克，抽样平均规格为 0.65 千克/尾，养殖成活率为 87.2%，单产 1 417 千克/亩。起捕鳙、鲢共 348 千克，平均规格为 1.45 千克/尾，养殖成活率为 96%，单产 69.6 千克/亩；起捕鲫商品鱼 582 千克，平均规格为 0.4 千克/尾，养殖成活率为 97%，单产达 116.4 千克/亩。养殖期间共用人工配合饲料 7 300 千克，饲料系数 1.03，饲料平均单价 12 800 元/吨。各商品鱼平均售价分别为："优鲈 1 号"20 元/千克、鲢 4.5 元/千克、鳙 9 元/千克、鲫 15 元/千克。总产值 152 321.8 元，折合产值 30 464 元/亩。饲料成本 18 688 元/亩、塘租费 1 000 元/亩、水电 500 元/亩、鱼苗费 2 200 元/亩、药品 100 元/亩、人工费 2 000 元/亩，合计平均单位成本 24 488 元/亩。纯利润 5 976 元/亩，总利润29 880元。

五、河南大口黑鲈池塘高产高效养殖模式

我国大口黑鲈的养殖主要集中于南方地区，春季放苗，当年年底上市并销往全国各地。近年来，北方一些地区相继引入大口黑鲈新品种。但由于环境条件以及技术不成熟等原因，造成养殖效果时好时坏。由于北方地区投喂时间短，因此普通池塘养殖时，通常选择大规格优质苗种放养，并足量投喂，以便赶在价格下滑之前销售。该池塘位于河南洛阳市孟津县会盟镇扣马村，主要为池塘精养。养殖面积 8 亩，池塘水体深 1.5～2 米，底质为沙土，池底淤泥较少。水源为地下井水，水质良好、无污染。配备 30 千瓦发电机 1 台，1.5 千瓦水车式增氧机 1 台和 3.0 千瓦叶轮增氧机 3 台。在鱼种放养前 20 天暴晒池底，在饵料台周边围窗纱网 1 周，面积约 300 米²，高 1.5 米，然后注水 60～80 厘米，撒 1 000 千克生石灰消毒，2 天后再注水 60～80 厘米。过 5～7 天后，待石灰毒性消失后放鳙鱼苗试水，3 天后证明无毒后放苗入围网中。

每亩投放驯饲好（5～6 厘米）的大口黑鲈鱼种 5 000 尾（每千克 240 尾左右），同时放养鳙鱼种 35 尾，鲢鱼种 60 尾，用于控制浮游生物生长。放养后翌日开始投喂，每天 2 次，在 9：00、15：00各投喂 1 次，每次 20～30 分钟，日投喂量为体重的 4%～6%。放养后要坚持每天巡塘，半个月左右在饲料中拌入保肝护胆类药物，连喂 7 天，以预防鱼病。放苗后 20 天移出围网，鱼全池活动。在投喂初期需要进行驯食，在投喂时固定在饵料台上敲桶后撒料，投喂面积相对越来越大，让鱼种能够更均匀地生长。5 个月后个体逐渐长大，饲料粒径随之慢慢变大。池塘保持水质清新，养殖期间坚持每 10～15 天用环境改良剂，如芽孢杆菌类产品全池遍洒，池塘水质不能过肥，透明度保持在 30～40 厘米。20 天左右用消毒剂精碘 200 毫升/亩消毒，防治细菌病和病毒病。5—9 月发病

季节每个月都定期在饲料中拌入氟苯尼考和三黄散等进行投喂，增强鱼体的抵抗力，以防发病。

大口黑鲈出池情况：2019 年 9 月 16 日，第 1 次出售 1 050 千克，平均规格 0.55 千克/尾，价格 38 元/千克。2019 年 9 月 25 日，第 2 次出售 5 150 千克，平均规格 0.45 千克/尾，价格 36 元/千克。9 月 26 日，第 3 次出售 1 700 千克，平均规格 0.43 千克/尾，价格 36 元/千克。2019 年 10 月 9 日，第 3 次出售 1 750 千克，平均规格 0.45 千克/尾，价格 40 元/千克。2019 年 11 月 16 日，清塘出售 1 300 千克，平均规格 0.35 千克/尾，价格 24 元/千克。鱼塘共养成鳙、鲢 1 550 千克，平均价格 6 元/千克。养成鱼销售共计 39.7 万元。放苗共计 4 万尾，购苗单价 1.8 元/尾，出鱼共计 28 700 尾，养殖成活率 71%。整个养殖期间共用饲料 11.5 吨，饲料价格 1.1 万/吨。出鱼 12 500 千克，饵料系数 0.9。鱼塘用调水药、消毒药、内服药，共计 14 600 元。鱼塘加水和增氧机电费合计 15 200 元。全年亩均投入 2.85 万元，亩均净利约 2.49 万元。

六、"168"生态循环绿色高效养殖模式

荥阳富发水产养殖公司坐落在荥阳万亩黄河滩养殖基地，拥有养鱼池 220 亩，主要进行黄河鲤、草鱼、大口黑鲈等苗种培育、商品鱼养殖和稻蟹综合种养。2019 年，采用郑州市水产技术推广站"168"生态循环绿色高效养殖技术，改造一口面积为 10 亩的传统池塘进行大口黑鲈养殖，养殖面积 1 200 米^2，池塘其余部分通过物理、化学、生物处理净化水质。6 月底放苗，2020 年 6 月底出池，1 200 米^{2}产量为 14 000 千克，利润近 30 万元。该技术是把粪便、残饵经过科学集污、排污、收集，分离出养殖水体，清洁生产，养殖期间水质良好，未发生鱼病。避免了传统池塘夏季高温大口黑鲈摄食量减少和卖鱼难风险，取得了良好的经济效益、社会效益和生态效益。

（一）建池与安装

1. 建池

改造公司内一口 10 亩池塘，建设内容物包括"168"鱼池（图 4-2）、集污井、曝气池、植物净化池、生物净化池和杀菌池。

图 4-2 "168"鱼池实景

（1）"168"鱼池 在土基上挖建而成，上口直径 40 米、池深 5 米，下挖 2 米处斜坡坡比 1：0.5，池底比降 15°，2 米以下成漏斗状，面积为 1 256 米²（图 4-3）。

图 4-3 漏斗形鱼池

（2）铺膜 在鱼池坡面的土基上先铺设一层土工布，然后鱼池表面铺设 PE 防渗膜至鱼池上边沿，挖 0.5 米宽、0.5 米深的沟下埋，中间与排污口连接处用混凝土压实。靠近鱼池上边沿的 PE 防渗膜上铺设土工布，由于鱼池上边沿水位较浅，铺设土工布可保护 PE 防渗膜免于日照或者其他形式的破坏。另外，在集污井、曝气池地面铺设 PE 防渗膜，在植物净化池下挖 0.5 米铺 PE 防渗膜后填土，防止养鱼尾水下渗，对土质造成影响（图 4-4）。

图 4-4 漏斗形鱼池铺膜

（3）排污溢水管道 鱼池的锥底设有与 PE 防渗膜密封连接的鱼池排污口。底部排污口通常采用混凝土浇筑成方形，直径 1 米，覆盖钢丝网拦鱼栅，里面呈漏斗状，底部与排污溢水管道相连，材料采用直径 20 毫米 PVC 上水管道通到池外，与直径 200 毫米变 300 毫米三通相连接，垂直向上部分采用直径 300 毫米管道到直面，与池高度相差 1.5 米左右设三通到集污井，用螺旋阀门控制；距离"168"鱼池上口 0.5 米下方，用三通接管道到曝气池（图 4-5）。

图 4-5 排污溢水管道

（4）集污井 与排污阀门相接，低于排污口。集污井为圆形，直径 5 米、深 3 米左右，锅底状，最深处设集污槽，安装吸污泵。与曝气池一侧设过滤墙与曝气池相连（图 4-6）。

（5）曝气池 比集污井稍宽，长 20 米，长边两侧土基池埂，铺设 PE 防渗膜，底面布置增氧盘。与植物净化池砖墙相隔，设过滤墙，厚 50 厘米，高 1.5 米，安装过滤材料。

图 4-6 集污井

（6）植物净化池 与曝气池相连等宽，长 40 米，深 1.5 米，尾部与生物净化池相连一侧设过滤墙，池底种植莲藕等水生植物。

（7）生物净化池 与养鱼池和曝气池、植物净化池相接，与养鱼池等宽，与集污槽、曝气池、植物净化池的总长度等长，池深 1.5 米，近养鱼池一端池深 2 米，坡比 1 : 1.5 左右。

（8）灭菌池 在生物净化池与"168"鱼池相邻的一角建直径 3 米的圆形灭菌池，设过滤墙，厚度 50 厘米，以钢丝网＋钢管架子做成，里面填碎石，池深 2.5 米左右，基础要夯实。

2. 安装

（1）增氧机 2 台 1.5 千瓦水车式增氧机（图 4-7），分别分布在鱼池的两边，顺时针方向安装。3 台 1.5 千瓦变频增氧机稍居中，1 台 1.5 千瓦变频增氧机安装在生物净化池中央。2 台 3 千瓦罗茨鼓风机分别安装在曝气池和杀菌池，配备增氧盘。

（2）水泵 2 台 500 瓦循环泵（备用 1 台），放置在杀菌池，安装在距底部 1 米的位置，用管道连接到养鱼池中。2 台抽水泵用于清塘。1 台吸污泵，安装在集污井最低处。

（3）其他设备 增氧机控制器，控制 3 台增氧机。自动投饵机

图 4-7　水车式增氧机

1台，安装在合适的位置。臭氧机1台，安装在灭菌池。发电机组2台，备用1台。自动检测监控设备和显示屏1个（图 4-8）。

图 4-8　自动检测监控设备和显示屏

（二）放养前准备工作

1. 加水与清塘

水源用黄河水和地下水，"168"鱼池先加水到鱼池的一半，检查有无漏水，底排管道是否出现渗水或下陷现象。确定正常后逐步加水,仔细检查排污溢水管道是否畅通,排污阀门是否漏水。生物净化池加水平均 20 厘米左右,撒生石灰,每亩用量 150 千克,进行清塘消毒。5 天后加满水开始循环运行,再次检查循环有无异常。

2. 水生植物种植

于合适时间在曝气池的浮床上种植水生蔬菜。植物净化池种植莲藕等。生物净化池做好 15% 面积的浮床,扦插空心菜、西洋菜等水生植物。

(三)鱼种放养与喂养

1. 放养鱼种

6 月 25 日,在"168"鱼池中放养从湖州湖旺水产良种场购买的大口黑鲈"优鲈 1 号"鱼种(图 4-9),规格为 100 尾/千克,共计 30 000 尾。水车运回后经 5% 盐水浸洗 3 分钟杀菌灭虫后放入鱼池。在生物净化池中放养鲢、鳙,比例 3∶1,规格为 300 克/尾左右,每亩 200 尾;鲤鱼种每亩 10 尾、草鱼种 10 尾。

图 4-9　大口黑鲈"优鲈 1 号"鱼种

2. 投喂饲料

全程采用大口黑鲈专用饲料投喂,根据鱼的大小定期更换适口的饲料。饲料不得过期或变质。以人工投喂为主,投饵机投喂为辅。水温 8～12℃,每天投喂 1 次;高于 12℃ 时,每天投喂 2 次,上、下午各 1 次，视天气和吃食状态增减饲料，以八成饱为佳。

(四) 日常管理

1. 定期补充新水

定期加注新水保持水位。春天生物净化池水位平均 1 米左右，随温度升高，逐渐加水至 1.5 米，养鱼池中保持正常水位即可。夏季高温时中午加注 2 小时井水降温，保证水温不超过 30℃。

2. 增氧机使用

保证 1 台水车式增氧机全天 24 小时开启，另外 3 台与控制器相连，溶解氧额定值控制在 6 毫克/升，自动控制。生物净化池前期白天中午开机 2 小时，夏秋季晚上及时开启。曝气池根据需要，定时开关。如遇停电，需及时开启发电机，保证增氧机正常使用。冬季全天保留 1 台增氧机开启，根据溶解氧情况确定是否开启其他增氧机。

3. 排污集污

每天早上和晚上打开排污阀，2～3 分钟关闭。饲料投喂 30 分钟后排污 1 次，排污时间视粪便排出情况而定。排污前提前 30 分钟关闭变频增氧机，保留水车式增氧机，水体的旋转会更有利于粪便集中在鱼池底部，打开排污阀，利用落差使粪便瞬间涌出鱼池进入集污井。定期用吸污泵把沉积的粪便抽出去用于浇树和种菜。还可用清运车将沉积的粪便运走进行集中发酵后作为肥料。

4. 水生蔬菜管理

在曝气池、生物净化池中种植空心菜和西洋菜，定期收割。生物净化池中种植的空心菜在浮床下方用网隔离，以避免草鱼啃吃根部。植物净化池种植莲藕，合理密植，后期成熟后清除茎叶，及时补种适合低温生长的西洋菜等 (图 4-10)。

5. 水质管理

通过定时排污分离 70% 的粪便、残饵，使其溶解在水里，被微生物、藻类、浮游生物、鲢、鳙、虾、蟹、螺类等净化处理，最后灭菌后回抽到养鱼池中，形成生态循环。定期对处理前、处理后

图 4-10　生物净化池中种植的空心菜

的水质进行检测，及时处理保持水质清新。根据水质条件及时补充有益菌藻，如小球藻、硅藻、光合细菌、乳酸菌等。集污井、曝气池要定期补充硝化细菌、光合细菌等，改良水质。

6. 循环系统

定期补充新水，保持循环用水。溢水经曝气池好氧菌分解利用，通过过滤墙进入植物净化池沉淀、被莲藕利用，再经生物净化池进一步净化，在灭菌池臭氧杀菌后，由 2 台循环泵抽至养鱼池循环，出水口要与水车式增氧机水流方向一致，循环量每小时约 60 吨，冬季停喂后改为 1 台泵循环。集污井上清液经过滤墙生物初步净化，再经过滤墙进入植物净化池，被莲藕等水生植物生长吸收利用，也经过滤墙进入生物净化池。要保持过滤墙畅通，如堵塞要及时清理，长期使用时需及时更换，一般 1 年更换1 次（图 4-11）。

7. 鱼病防治

定期检测水质和镜检鱼体，发生鱼病时应及时对症治疗，一般采用全池撒生石灰、漂白粉杀菌，青蒿末等煮水拌料驱虫杀虫。平时内服大蒜、三黄粉等中药，每月使用 1 次，1 次连用 5 天。

125

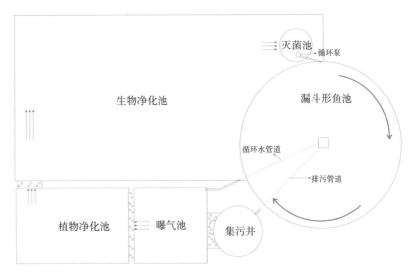

图 4-11　漏斗形鱼池俯视运行示意

(五)产出情况

鱼长至商品鱼规格后,销售前停止投喂饲料,加注井水,及时排出粪便,保持增氧机正常开关。逐步降低水位,水温控制在23℃以下拉网,捕大留小,分别于6月10日、6月20日、6月30日分3次销售完毕,共销售商品鲈14 150千克,鲢、鳙820千克,鲤、草鱼200千克,收入578 290元。

支出累计289 000元(饲料15.6吨,160 000元;人工费用,每人每月3 000元,计36 000元;电费39 000元;租金12 000元;中草药等6 000元;其他折旧等36 000元),利润289 290元。

(六)效益分析

1. 经济效益

利用该技术成功养殖大口黑鲈,1 200米^{2}养鱼池生产商品鱼14 000千克,同时生产莲藕、空心菜等水生蔬菜,实现利润28余万元,投入产出比1∶2,经济效益十分显著。本次养殖使用大口黑鲈"优鲈1号"是成功养殖的关键之一，具有生长迅速、抗病力强等优点。该技术利用循环水生态养殖，提高了饲料转化率和利用率，减少了病害和渔药投入，降低了养殖成本，能显著提高养殖效益，具有简单、高效、投资少、见效快等优点。

2. 社会效益

科学设计集污排污使粪便排出率达到70%以上，清洁生产，向社会提供优质、特色、绿色的安全水产品，能满足人们对优质水产品和水域生态环境的需求，从传统的池塘不可控粗养模式转变到可控的生态循环水养殖模式，促进产业转型升级，为水产养殖业生态高效养殖提供了新的示范模式，助力乡村振兴和美丽乡村建设。

3. 生态效益

固体粪污收集排出、异位发酵处理，尾水生态净化、循环利用，克服了传统池塘养殖的诸多弊端，有效保护和改善了养殖环境及生态环境，利用水生植物调节、美化整体养殖环境，能有效推进水产业绿色高质量发展。

七、大口黑鲈"优鲈3号"和河蟹混养"三一"模式

河蟹是江苏省的主要养殖品种之一，养殖面积达400万亩，年产量30万吨左右，占全国总产量的50%以上。在南京帅丰饲料有限公司的示范带动下，南京市高淳区进行了规模化的大口黑鲈和河蟹混养，取得了很好的效果，具体的养殖情况如下。

（一）池塘条件

位于江苏南京高淳区永胜圩的一口5亩池塘，水深2米，开挖时沿池埂脚内侧在池底留有1.5米宽的平台，平台建在水深1米处，用来移栽和种植水草。5亩水面配有1.5千瓦叶轮式增氧机3台，投饵机1台（图4-12）。

图 4-12　养殖池塘

（二）池塘准备

2016 年春季，池塘开挖后充水，在池周内侧平台上播种苦草籽，5 亩水面 5 千克草籽。2017 年春季，在池内平台及池埂斜坡上移栽少量伊乐藻。放苗时塘口水深 1.5 米，逐步加水至 2 米。

（三）苗种放养

2016 年 6 月，每亩放 160 尾/千克"优鲈 3 号"鱼种 2 000 尾，100 尾/千克鳙 30 尾。2016 年 12 月，放 160 只/千克蟹种 240 只。其中，雌蟹占比 70%，雄蟹占比 30%。

（四）投食和管理

全程机械投喂淳丰牌大口黑鲈系列膨化饲料，河蟹前期未专门投料，大口黑鲈收获结束后投喂少量的河蟹饲料。

（五）试验结果

1. 池草的生长

2016 年春季播种后苦草长势较好，下半年开花结籽。2017 年苦草为池内自然生长。2017 年栽种的伊乐藻生长很快，6 月因伊乐藻植株密度过高影响塘口拉网作业，进行人工割除（图 4-13）。

图 4-13　养殖池塘中水草茂盛

2. 收获

大口黑鲈自 2017 年 5 月 19 日开始捕获销售至 8 月 29 日结束，成蟹 10 月 3 日开始收获至 11 月 6 日结束。5 亩鱼塘共捕获大口黑鲈成鱼 5 370 千克，平均规格为 0.55 千克/尾，平均亩产量 1 074 千克。捕获成蟹 866 只，共 154.5 千克，其中雄蟹 293 只，雌蟹 573 只，最大雄蟹 0.4 千克，最大雌蟹 0.3 千克，平均规格 0.178 千克/只。测算河蟹套养成活率 80.5%，平均亩产 34.4 千克。收获鳙商品鱼 117 尾，351 千克，销售额 3 500 元。平均亩产 70 千克，养殖成活率 78%。

3. 效益计算

共销售大口黑鲈 5 370 千克，销售额 13.8 万元，平均 25.7 元/千克。成蟹销售额 2.76 万元，平均价格 178.6 元/千克。销售鳙 351 千克，销售额 3 500 元。大口黑鲈亩均产出 2.76 万元，成蟹亩均产出 5 520 元，鳙亩均产出 700 元，合计亩均产出 3.382 万元。成本包括：塘租每亩 1 100 元，大口黑鲈苗种 2 000 元，蟹种 240 元，饲料 15 100 元，人员工资 1 000 元，水电费 400 元，河蟹饲料及其他 200 元，全年亩均投入 2.004 万元。亩均净利：3.382

万元－2.004 万元＝1.378 万元。

4. 结果分析

大口黑鲈鱼塘套养河蟹取得了较好的养殖效果,亩均净利达
1.378 万元。套养河蟹平均亩产达 34.4 千克,规格也比较理想,达
0.178 千克/只,每亩鱼塘增收 5 000 元以上。养殖所用大口黑鲈苗
种是大口黑鲈"优鲈 3 号"新品种,用配合饲料喂养时要比其他养
殖品种生长速度快,而且适合用膨化颗粒饲料养殖,平均亩产量达
到 1 100 千克,达到了当地单养大口黑鲈的水平。饲料转化率较高,
饵料系数不到 1.1。由于套养的河蟹数量不多,摄食池塘内的小鱼、
小虾、蚬、螺、水草以及大口黑鲈吃剩的残饵,就能满足其生长需
求,套养河蟹平均亩产也达到 34.4 千克,约为单养河蟹产量的
30%。与传统的冰鲜鱼养殖大口黑鲈相比,采用膨化颗粒饲料养殖
可减少水质污染,加上水草的种植,芽孢杆菌和鲢的投放能有效净
化水质,保持池水较高的透明度。全程没有出现明显的大口黑鲈病
害,以及高温季节常见的蓝藻暴发和死蟹现象,最终大口黑鲈与河
蟹的成活率都在 80%以上,降低了养殖风险。大口黑鲈的养殖效益
与商品鱼上市时间相关,夏天的鱼价通常比年底集中上市时要高出 1
倍。这种模式下大口黑鲈的收获时间控制在 6—9 月鱼价最高的时
候,获得的效益自然就高。河蟹的效益与雌雄和个体大小相关,在
投放蟹苗时采取了雌蟹和雄蟹的比率为 7：3,每亩投放蟹苗的数量
也比较少,年底收获的规格超过 0.175 千克,最大的雄蟹 0.4 千克,
最大的雌蟹 0.3 千克。在大口黑鲈收获结束后对池塘内河蟹进行了
强化培育,投喂优质的河蟹饲料,以提高河蟹的规格与品质。

八、大口黑鲈和黄颡鱼混养模式

华东地区的养殖实例:塘口面积为 10 亩,水深 2 米,底质为
黏性土壤,池底从进水口向排水口倾斜,纵向开 1 条中央沟,以利
于排干全塘池水。冬天干塘后,用高压水枪清除池底中央沟和排水
口的淤泥,每亩用生石灰 50 千克进行干法清塘,然后持续晒塘,

以作备用。准备放养鱼苗前 1 周，从外河进水到池塘水深 0.5~0.8 米，进水口套 80 目筛绢过滤袋，防止野杂鱼、敌害生物及其卵随水带入，用漂白粉 1.0~1.5 克/米³ 进行池塘水体消毒，并安装增氧机搅动水体，以提升消毒效果，活化池水。翌日施用生物肥和有机肥进行肥水，要求水色达到"肥、活、嫩、爽"后才能放鱼苗，一般 5 天左右即可培养出棕褐色的理想水色。4—5 月，选择体质健康、无病无伤、规格整齐、已驯食配合饲料成功的 60~100 尾/千克的大口黑鲈鱼种和黄颡鱼鱼种，每亩放养大口黑鲈鱼种 2 000 尾，7~10 天后再每亩放养黄颡鱼鱼种 1 000 尾，每亩搭配放养鲢 50 尾和鳙 30 尾。由于鱼种起捕、运输和放养过程中难免有磕碰引起的伤口，因此鱼种放养完成后，要及时用碘制剂消毒 2~3 次，以预防水霉病的暴发。

在大口黑鲈鱼种放养后，在池塘南侧长边中部安装小水泵冲水集鱼，慢慢撒喂大口黑鲈专用配合饲料，引鱼集中摄食，每天分上、下午 2 次在固定地点投喂。根据鱼体大小逐渐加大膨化饲料的粒径，当大口黑鲈不再积极抢食时停止投喂。黄颡鱼无须另外投喂饲料，主要摄食剩余的膨化饲料。在养殖效益方面，大口黑鲈亩产量为 750 千克，黄颡鱼和鲢、鳙亩产量分别为 54 千克和 156.5 千克，亩均产值为 1.8 万元，亩利润为 0.5 万元。大口黑鲈单养时，池塘中水体富营养化相对严重，易暴发蓝藻，容易暴发病害。大口黑鲈混养黄颡鱼时，搭配放养适量的鲢能有效控制水体中蓝藻暴发，搭配放养适量的鳙可控制水体中浮游生物的数量，使水体持续保持"肥、活、嫩、爽"，从而构建稳定的生态系统，使系统内能量、物质流动顺畅。

在 5 月中下旬华东地区的水温达到 18℃时，池塘中放养大规格大口黑鲈鱼种 2 000 尾/亩；6 月放养 3~5 厘米黄颡鱼鱼种 1 200尾/亩。混养的黄颡鱼不需要专门投喂饲料，当年 11 月就可起捕销售，黄颡鱼的平均体重达到 120 克/尾以上。在混养模式下，平均可产大口黑鲈 700 千克/亩以上，黄颡鱼产量达到 55 千克/亩。利用黄颡鱼的杂食习性，既充分利用了投喂的大口黑鲈膨化饲料，又可预防由于残饵腐败而坏水现象的发生。同时，提高了混养品种的销售价格，提高了养殖经济效益。近年来，黄颡鱼与大口黑鲈的混养模式在江苏南京、苏州等地养殖区域应用较多。

九、大口黑鲈和罗非鱼混养模式

福建省尤溪县溪尾乡水产站利用在主养罗非鱼池塘中混养少量大口黑鲈来控制罗非鱼的过多自繁，使混养中多余的罗非鱼被大口黑鲈所利用，提高池塘整体效益，是一种能取得好的效益的养殖方式。为了保证主养鱼不被大口黑鲈捕食，罗非鱼放养规格应在8厘米以上，而池中其他的混养家鱼种应在150克/尾以上。大口黑鲈最好比罗非鱼迟放养1个月左右，而放养大口黑鲈规格应为3~5厘米，放养密度视池塘条件及饵料多寡而定，一般每亩可放养50~80尾，但不要同时混养偏肉食性的鱼类，如乌鳢、大口鲶等。至罗非鱼收获上市时，平均每亩增产大口黑鲈21千克，较无混养大口黑鲈的池塘增加效益285元/亩。混养大口黑鲈主要是利用主养塘中自繁的罗非鱼以及自然繁殖的小野杂鱼和水生昆虫等天然饵料，养殖中期一般不需要投喂饵料，但到后期如果塘中各种饵料贫乏，不能满足其生长需要时，可向池中投放一批小野杂鱼让其繁殖后代，以保证大口黑鲈每天都有充足的饵料鱼。

十、大口黑鲈高水位池塘循环水养殖模式

在崇州市渔业科技试验示范基地进行大口黑鲈高水位池塘循环水养殖模式示范（图4-14至图4-16），具体情况如下：

（1）在高水位池塘中放养大口黑鲈，投放量为每亩20 000~25 000尾，规格为50~100克/尾，养殖水深在2.0~2.5米；在二级净化循环池的种植架上种植空心菜，在三级净化循环池内的种植架上种植生菜，池内放养鲢和鳙，总共放养密度为每亩1 000尾，规格30~50克/尾，养殖水深在1.5~2.0米；在储水池内的种植

图 4-14　大口黑鲈养殖池

图 4-15　净水池塘（1）

架上种植鱼腥草，水深在 1.5～2.0 米；通过物联网管理系统实现对鱼的自动定时定量投喂和增氧。

（2）将高水位池塘中的水引入一级沉降循环池中依次进行五级沉降。

（3）将沉降后的水依次引入二级净化循环池、三级净化循环池、储水池进行多级净化。

（4）将净化后的水储存在储水塔中，并对储水塔中的水进行消

图 4-16　净水池塘（2）

毒、灭菌。

（5）将消毒、灭菌后的水引入高水位池塘实现综合套养循环养殖，每天对各池及储水塔中的水进行水质监测，并将监测数据在显示屏上实时呈现，方便对鱼类养殖以及蔬菜和中草药种植情况进行评估和调整。

养殖结果：经过一年养殖，单产大口黑鲈 10 000 千克，蔬菜和中草药 360 千克，鲢、鳙单产 1 000 千克，经济效益比技术改革之前增长 50%～60%。该养殖模式的特点为：第一，可减少人力投入，降低养殖管理成本；第二，高水位池塘与沉降池、净化池的比例在 1∶3 左右，更加合理地利用了土地资源，并且降低了污水的排放量，基本可以做到"零排放"，节约用水超过 50%；第三，沉降池、净化池、储水池的综合利用可以带来更多的经济效益，水培的中草药和蔬菜产量可以达到 1 千克/米^2，并且可以多次采摘，同时更有利于养殖水体的净化和养殖鱼类的健康生长。

十一、池塘内循环流水养殖模式

池塘内循环流水养殖技术，俗称"跑道鱼"养殖，由美国奥本大学试验成功并推广生产实践。2014 年始，引进至我国北京、江苏等地试验。2015 年，湖州市水产产业联盟和市水产技术推广站组织人员到江苏、杭州参观学习。2016 年，湖州市开展养殖试验，首先在南浔区菱湖盛江家庭农场、云豪家庭农场等建立"跑道鱼"养殖示范点，然后逐年在全市推广应用。2016 年建成养殖跑道 38 条，2017 年建成 87 条，2018 年建成 135 条。到 2019 年 6 月，全市建成养殖跑道近 300 条，成为浙江省"跑道鱼"养殖第二大市。跑道建设材料采用玻璃钢，或不锈钢，或混凝土，造价 8 万～12 万元/条，多条并建单价可较低。养殖品种有大口黑鲈、黄颡鱼、鳜、鲂、鲫、锦鲤、草鱼等。为了总结和摸索出池塘内循环流水养殖大口黑鲈技术，2018 年湖州市水产技术推广站研究人员在南浔区开展了不同大口黑鲈养殖密度下的跑道对比试验，具体情况如下：

（一）试验地点

南浔区菱湖盛江家庭农场。位于南浔区菱湖镇新庙里村，示范场总面积 115 亩。其中，养殖跑道每 7 亩建设 1 条，2018—2019年建大口黑鲈养殖跑道 3 条，利用跑道养殖方式全程使用配合饲料进行大口黑鲈鱼养殖（图 4-17、图 4-18）。

图 4-17　试验地点

图 4-18 养殖跑道

(二)放养时间与密度

2018 年 7 月上旬开始放养,规格为 60 尾/千克,3 条跑道分别设置 15 000 尾、20 000 尾、22 000 尾 3 个放养密度梯度。大口黑鲈鱼种放养情况见表 4-1:

表 4-1 大口黑鲈鱼种放养情况

编号	放养时间	放养量 (尾)	鱼种单价 (元/千克)	鱼种数量 (千克)	鱼种成本 (万元)
1	2018 年 7 月 10 日	15 000	60	375	2.25
2	2018 年 7 月 10 日	20 000	60	500	3.00
3	2018 年 7 月 17 日	22 000	60	550	3.30
合计		57 000	平均 60	1 425	8.55

(三)投饲管理

选择正规厂家生产的专用配合饲料,每天投喂 2~3 次。投喂量以体重的 2%~5% 为宜。投喂遵循"定时、定点、定质、定量"的"四定"原则,并根据天气、水温、气压等情况灵活掌握。

(四)日常管理

1. 日常吸污

在每次投饲后 1 小时后进行吸污。污水通过沉淀、过滤等方式实现固液分离后回到池塘。

2. 推水管理

根据水质净化区水体溶解氧含量和排污需要,采用间断式推水。一般在刚放养时以充气为主,后期充气与推水相结合。投喂饲料期间,应将推水速度降低至 40%～50%;阴雨天视外塘水体溶氧量含量适时调整推水速度;在投喂饲料结束后 1 小时应开启最大功率推水,以最大限度地将粪便排出。

3. 增氧管理

利用在线监测设备实时监测水体溶解氧,并通过手机 App 设置提醒阈值。晴天水质净化区应在每天 5:00—7:00、11:00—14:00、20:00—24:00 启动叶轮式增氧机和推水机以增加外塘水体的溶解氧含量;水槽内在投喂饲料时及投喂完后 1 小时和后半夜应开启底增氧设备以确保代谢所需。阴雨天应全天开启外塘叶轮式增氧机和推水机,水槽内全天开启底增氧设备。晚上也可利用液态氧气来增氧。水体溶解氧含量尽可能保持在 5 毫克/升以上。

4. 水质调控

每隔 15 天用消毒剂,如三氯异氰脲酸(强氯精)250 克/亩全池泼洒消毒。同时,外塘保持水质"肥、活、嫩、爽",透明度为 20～40 厘米,适时采用生物肥水剂或微生态制剂调节水质,相关制剂应符合 DB33/T 721 和 DB33/T 722 的要求。

(五)养殖结果

2019 年 6—7 月捕捞,逐步上市,其收获情况见表 4-2、表 4-3。3 个跑道的养殖情况表明,在 3 个放养密度梯度下,大口黑鲈的增重率、死亡率并无明显差距,饵料系数随放养密度增加依次递增。在效益方面,随着放养密度的增加,效益也相应增加。由此可见，在规范科学的管理下，大口黑鲈的放养密度可在 2 万尾/条槽以上。传统池塘养殖与放养 25 000 尾的跑道养殖相比，亩产出无太大差别，去除跑道养殖价格优势，效益相差不大，但跑道养殖产品价格优势明显，效益显著高于池塘养殖。

表 4-2　收获情况

编号	销售时间	总产量（千克）	成活率（%）	出池尾数（尾）	平均规格（千克/尾）	价格（元/千克）	总产出（万元）
1	2019 年 6 月	7 632	96	14 400	0.53	50	38.16
2	2019 年 7 月	10 260	95	19 000	0.54	50	51.30
3	2019 年 6 月	10 659	95	20 900	0.51	44	46.90
合计		28 551	平均 95.33	54 300	平均 0.53	平均 48	136.36
折合每亩收获		1 359.6	95.33	2 585.7	0.53	48	6.49

注：按 7 亩 1 条养殖跑道测算，总计 21 亩。

表 4-3　效益成本分析

编号	饲料用量（千克）	饲料系数	饲料（万元）	塘租（万元）	苗种费（万元）	电费（万元）	总成本（万元）	效益（万元）
9	9 998	1.31	11.99	0.92	2.25	0.65	15.81	22.35
10	13 748	1.34	16.49	0.92	3.00	0.65	21.06	30.24
5	14 496	1.36	17.39	0.92	3.30	0.65	22.26	24.64
合计	38 242	平均 1.34	45.87	2.76	8.55	1.95	59.13	77.23

注：①大口黑鲈饲料粗蛋白质 46%，单价 12 元/千克；②外塘净化区养殖鳙、鲢鱼类 120 尾/亩，总计 21 亩，平均体重 0.75 千克，单价 6 元/千克，总计 1.13 万元；③由于出售时间比较晚，7—8 月为大口黑鲈上市淡季，价格比年前普遍提高 5~8 元/千克。

十二、大口黑鲈网箱养殖实例

安阳市水产站技术人员在河南省安阳市彰武水库利用大水面发展网箱养殖大口黑鲈，网箱体积 544 米³（4 个网箱规格 8 米×17 米×4 米）。选用合适网目的网箱培育不同规格的鱼种，8 万尾规格为 4～5 厘米/尾的鱼种放到 2 个无结网箱内，每箱 4 万尾。经过 1 个多月的养殖，将 100 克/尾左右的鱼种移到大网箱开始成鱼养殖，密度为 150 尾左右/米^2，每天 10：00 左右投喂，下午选在太阳落山时投喂。上午投喂推迟到 10：00 时，此时水库中水体溶解氧含量比早晨高，大口黑鲈吃食凶猛，下午太阳落山时，光照不强，大口黑鲈食欲最强。经常观察大口黑鲈的生长情况，根据天气、水温、溶解氧、吃食情况调整投喂量，确保鱼吃饱吃好。经 1 年多饲养后，成活率 86％，总产量 35 780 千克，总产值 128.8 万元，利润 71 万元。在成鱼网箱养殖过程中，每半月左右用二氧化氯和聚维酮碘等消毒药物，交替消毒。一年来没有发生大的病害。要经常检查网箱，如发现网箱夹层有鱼，应立即检查修补，以防止逃鱼。网箱必须用锚固定好，在刮大风时保持网箱不移动、不变形、不逃鱼。网箱养殖大口黑鲈最容易发生缺氧死鱼，因网箱养殖密度很大，大口黑鲈又不耐低氧，所以必须 2 个网箱安装 1 台 3 千瓦增氧机，并安装 1 个溶解氧自动控制器。调整好后，在鱼没有浮头以前就自动开启增氧机，避免因缺氧死鱼造成损失。

苏州市吴江区大口黑鲈养殖主要有池塘养殖和网箱养殖 2 种，因太湖水域环保政策的执行，网箱养殖受到限制，采用网箱养殖大口黑鲈的越来越少。该地区网箱养殖主要技术内容为：将网箱设置在水质清新、透明度较好、水流缓慢、风浪较小、水深 2.5 米以上、风浪过后水质不浑、附近和上游无有毒废水流入的区域。外围用两层网围成网围，里面做好一排大小不等的网箱，网围空闲水面放入鳙、鲢 1 000 尾左右，黄颡鱼 1 600 尾左右，鲫 1 000 尾。网箱养殖分 5 级养成，第 1 级，5～6 厘米规格培育（5 月中下旬）：8 号无结网做成的 150 厘米×150 厘米网箱，投放 800～950 尾/千克的鱼种 400 千克，先投喂轮虫逐步驯化成以鱼浆为饵，每天投喂 2 次，在网箱中培育 10 天，规格达 5～6 厘米。第 2 级，8～10 厘米规格培育：9 号无结网做成的 300 厘米×300 厘米网箱，放 5～6 厘米的大口黑鲈鱼种 12 000～15 000 尾，投喂冰冻海鱼鱼浆，每天投喂 2 次，45 天后（7 月初）规格达 8～10 厘米。第 3 级，0.1～0.2

千克/尾培育：10 号无结网做成的 550 厘米×550 厘米网箱，放 8～10 厘米大口黑鲈鱼种 11 000 尾～13 000 尾，投喂冰冻海鱼鱼浆，每天投喂 2 次，60 天左右（9 月初），规格达到 0.1～0.2 千克/尾。

第 4 级，0.25～0.3 千克/尾培育：11 号无结网做成的 800 厘米×800 厘米网箱，放 0.1～0.2 千克/尾鲈 12 000～15 000 尾，投喂冰冻海鱼碎块，每天投喂 2 次，45 天左右达到 0.25～0.3 千克/尾。

第 5 级，0.4～0.6 千克/尾培育：12 号无结网做成的 1 000 厘米×1 000 厘米网箱，放 0.25～0.3 千克/尾大口黑鲈 10 000～12 000 尾，投喂冰冻海鱼碎块，每天投喂 2 次，随着水温的降低，减为每天投喂 1 次、隔 2～3 天投喂 1 次。养殖 150 天左右达 0.4～0.6 千克/尾，每个网箱产 5 000 千克商品鱼。

甘肃九文绿色农业发展有限公司成立于 2015 年，在甘肃文县苗家坝电站水库建有网箱 470 个，总面积约 17 280 米^2，其中 2.5 米×5 米×3.5 米的 230 个，6 米×6 米×4 米的 240 个。部分网箱用于养殖大口黑鲈，至今已有 6 年。该水库水温维持在 18～25℃仅有 5 个月（5—9 月）。大口黑鲈养殖周期为 3 年，总计约 30 个月。一般当年 5—6 月投放规格为 400 尾/千克的大口黑鲈，当年养至 0.1～0.15 千克，翌年 0.3 千克，第 3 年 90% 达到上市规格，还有约 10% 在第 4 年养成上市销售。由于低温期长，饵料系数偏高，当年相对正常，翌年 1.8，第 3 年 2.2 以上，但因该地离西北地区兰州等城市较近，售价比成都、重庆等地高 4～6 元/千克，部分弥补了饵料系数高带来的成本过高问题，每千克利润在 8 元左右，年产量约 250 吨，年利润 200 万元。当年鱼种进入鱼种箱，密度为 700 尾/米^2，当养至 0.1 千克以上时进入成鱼箱养殖至上市销售，密度为 180 尾/米^2。外塘苗成活率为 30%～40%，网箱及车间育苗成活率较高，可达到 90%。日常投喂根据天气、水温确定次数与投喂量，鱼种 2～3 次/天，成鱼 2 次/天，低温期 1 天 1 次或 2～3 天 1 次；投喂 1 小时左右让尽量多的鱼吃饱，避免规格分化与闭口苗大量出现。

鱼病以预防为主，低温期不动箱操作可免造成机械损伤；早春与越冬前加强保健投喂，预防鱼病发生；鱼种阶段以内服微生态制剂与维生素为主，健肠健体，规格达 0.2 千克/尾后定期内服保肝药物；日常注意观察，发现发病征兆即针对性用药，一般发病较少。网箱管理应注意防风浪和网箱破损，加固锚绳和勤检查，防止箱破逃鱼。

十三、池塘大口黑鲈大规格苗种培育技术

下塘的水花经摄食浮游生物 2 周左右，鱼苗长至 2～3 厘米，停食 1 天后，翌日开始用水蚤投喂。在池塘边设置 1 个饵料台，每次投喂前用塑料瓶敲击池边发出声音，吸引鱼苗前来摄食，让其形成条件反射。经过几天驯化，当鱼苗全部在饵料台抢食水蚤时，即可在鱼浆内添加粉状饲料，并逐天增加添加量。一般第 7 天左右粉状饲料可添加至饵料投喂量的 60%～70%。这时改粉状饲料为适口膨化饲料，同样逐步增加添加量，再经 7～10 天即可全部改为适口膨化饲料。膨化饲料要求蛋白质含量在 45% 以上，其中动物蛋白含量应高于 50%。值得注意的是，转食驯化时须有技巧和耐心，一是投喂方法要得当。大口黑鲈的摄食方式属于掠食类型，适宜采用定时抛投的方法，每次投喂时间不少于 1 小时。抛投饵料时，应根据鱼的数量抛出适量鱼饵，抛一次停一次，坚持少量多次的原则，目的是引起鱼苗抢食，提高食欲，并且保证每尾鱼都能吃到饲料，否则饥饱不均容易造成互相残食。二是驯饲要循序渐进。大口黑鲈对新食物的接受有一个从拒食到喜食再到习惯摄食的过程。因此，当用颗粒饲料替换水蚤时，鱼苗常出现不摄食或入口后即吐出的行为，均属于正常现象，只要坚持投喂下去，经过 10～15 天，就可以完成食性转变过程，进入正常的配合饲料饲养阶段。

第五章
大口黑鲈的上市、活鱼流通和加工

第一节 捕捞上市

一、捕捞

由于南方地区养殖周期长，加上大口黑鲈生长较快，当年繁殖的鱼苗能长到 0.5 千克以上，达上市规格，因此每年的 9 月开始就可从池塘中捕获部分达上市规格的大口黑鲈出售，余留的继续培育，养 1～2 个月后再捕获池塘中绝大部分大口黑鲈出售，其余少量小规格的可继续养殖。北方大口黑鲈养殖到 9 月初，小部分规格已达每尾 0.45 千克，此时正是大口黑鲈空缺时期，隔年大口鲈鱼销售已近尾声，新养殖的大口黑鲈还没有开始大量上市，抓住这一有利时机主动上市，销售价格较好，同时又降低了池塘密度，加速了存塘鱼生长。大口黑鲈采用拉网捕捞，即在池塘两边的某一处放下拉网，捕捞成鱼。为保证运输过程中大口黑鲈的成活率，捕捞时操作要格外小心。捕捞前，池塘中的大口黑鲈停食 2 天，同时要适当降低池塘水位，再用疏网慢拉捕鱼（图 5-1）。

图 5-1   渔网捕捞

二、鲜活鱼暂养和运输

大口黑鲈的销售方式可以分为鱼苗或苗种销售、亲鱼和商品鱼销售。销售时分别涉及鱼苗运输、亲鱼运输和商品鱼运输，具体介绍如下：

（一）鱼苗运输技术

一般使用塑料袋充氧运输，装鱼时要求动作轻快，尽量减少对鱼苗的伤害。通常要注意以下几个环节：一是选袋。选取 70 厘米×40 厘米或 90 厘米×50 厘米的塑料袋，检查是否漏气。将袋口敞开，由上往下一甩，并迅速捏紧袋口，使空气留在袋中呈鼓胀状态，然后用另一只手压袋，看有无漏气的地方。也可以充气后将袋浸入水中，看有无气泡冒出。二是注水。注水要适中，一般每袋注水 1/4～1/3，以鱼苗能自由游动为好。注水时，可在塑料袋外再套 1 个相同规格的塑料袋，以防漏水。三是放鱼。按计算好的装鱼量，将鱼苗轻快地装入袋中，鱼苗宜带水一批批地装。四是充氧。把塑料袋压瘪，排尽其中的空气，然后缓慢装入氧气，至袋鼓起略有弹性为宜。

五是扎口。扎口要紧，以防止水和氧气外泄。一般先扎内袋口，再扎外袋口。六是装箱。扎紧袋口后，把袋子装入纸箱或泡沫箱中，也可将塑料袋装入编织袋后放入箱中，置于阴凉处，防止暴晒和雨淋。

运输的密度应与当地的天气情况、水温、运输时间及规格等因素结合起来考虑。水温在 15～20℃时运鱼最好，如必须在冬季运输鱼苗，则一定要注意保暖。水温过低，会使鱼苗冻伤。若在夏季运输，可在塑料袋外加冰块降温，效果颇佳。塑料袋规格为 70 厘米×40 厘米，注水量为 7～8 升。每袋可装运 1 厘米鱼苗 4 000～5 000 尾，2 厘米鱼苗 1 000～1 200 尾，3～4 厘米长的鱼种 600～800 尾，7～8 厘米的鱼种 300～500 尾，可保证 5 小时内成活率达 90％以上。

(二)亲鱼运输技术

由于大口黑鲈背鳍硬而尖，给运输带来了一定困难，因此一般都采用帆布捆箱运输，即将一块大帆布放置在汽车车厢内，周围扎紧后加水，一般每 10 千克水可装运 2.5 千克大口黑鲈亲鱼。要注意调节水温、溶解氧，保持水质良好。大口黑鲈亲鱼运到目的地后，应用食盐或碘制剂对鱼体进行严格消毒，然后再放入水质清新、溶解氧含量高的池塘中进行精心培育。

(三)商品鱼运输技术

为提高大口黑鲈商品鱼从池塘边运输到市场过程中的成活率，需注意以下几个环节：

1. 捕捞前准备

捕捞前，要适当降低水位，停食 1～2 天，以保障运输的成活率。捕捞时，用疏网慢拉捕鱼。针对池塘中成鱼健康状况，有必要的话可以向鱼塘中泼洒葡萄糖，可以降低大口黑鲈的应激反应、降低因捕捞导致的死亡率。机体在应激状态下可将葡萄糖用于 ATP 的紧急合成，从而提高机体的非特异性抵抗力，提高抗应激能力，有效缓解捕捞过程中鱼体的应激反应。葡萄糖还可起到解毒和析毒作用，有效增强鱼体的抗病力、免疫力。葡萄糖作为有效补充机体生长所需的碳源及能量，可促进新陈代谢，提高运输成活率。

2. 捕捞时间

适宜为早上捕捞，气温不要太高。提前在水车中加注地下水，然后用水车装运至打包场，根据水车的大小确定装载商品鱼的数量。必要时需加冰控温，温度不宜超过池塘水温5℃。运输途中充纯氧，可保证运输时间为4～5小时。

3. 商品鱼打包运输

（1）卸鱼动作要快，称鱼时尽量带水操作，以免损伤鱼体；卸鱼的同时还需要针对不同规格进行分拣（图5-2）。

不同规格
大口黑鲈
分拣及
活鱼打包

图5-2 暂养前不同规格的大口黑鲈分拣

（2）长途运输前必需暂养，目的是尽量排完粪便，降低运输途中氨氮含量，一般暂养8～10小时（图5-3）。

（3）由于暂养后的大口黑鲈体力恢复、活动能力强，装箱前需进行麻醉，用大型塑料袋充氧打包，打包适宜温度为7～18℃。装运包宜加注新水，如果气温高还要将包冰的塑料袋放置在箱内，以达到控制温度的目的（图5-4）。

（4）装运大口黑鲈活鱼的泡沫箱采用四方体泡沫结构的小包装设计，一般箱体规格为56厘米×56厘米×35厘米（图5-5）。打包

图 5-3　阶梯式降温暂养车间

图 5-4　运输车装载大口黑鲈打包箱

箱的水温控制在 5～10℃，打包箱内水的盐度为 1～5，水中溶解氧含量≥3 毫克/升。每箱鱼水总量为 50 千克，其中可装活鱼 17～25 千克。夏天由于气温高，鱼水比约为 1:2；冬天气温低，鱼水比约为 1:1。活鱼装好后，整箱密封包装，然后把包装好的活鱼箱装载到活鱼运输集装箱体。装运活鱼箱时，由里往外逐排安放，每排安放 4 箱，每列安放 6 层，每箱接一纯氧输送分气管供给氧气。这种小包装箱设计和安放活鱼箱的优点是，尽可能地充分利用活鱼运输集装箱体内的容积，容积利用率达 90% 以上，运输效率高，每车可运输活鱼 10～15 吨。每一活鱼箱连接一纯氧输送分气管，分气管末端连接微孔增氧管曝气增氧，供氧均匀，可避免供氧不均而影响运输成活率。死鱼的打包量一般为每箱 15～25 千克，加冰冷冻运输。

图 5-5 活鱼打包泡沫箱

4. 运输及市场卸货

运输途中要注意水质水温的变化，主要看水是否变浊和是否有死鱼，如有问题，应立刻就近先换水后加冰。市场卸货前，应测量箱内水温与卸鱼鱼缸的水温，如温差超过 5℃，则不宜立即卸货。卸载时动作要迅速，尽量避免鱼缺氧时间过长。目前的汽车运输技术可保证 80 小时以内存活率达 95% 以上（彩图 31）。

三、鲜活大口黑鲈的消费市场

大口黑鲈被老百姓称为"鲈鱼"，名字很好听，其外部形状也与中国人传统鱼形观念相符合，加之售价较低，属于中档偏低的消费区间的鱼类，适合家庭和普通饭店消费。在消费市场中作为鳜、大菱鲆和石斑鱼等高档鱼类的替代品，大口黑鲈价格却比以上鱼类低很多，具有一定的市场竞争力。大口黑鲈在各地方消费习惯略有不同，以北京、郑州为代表的北方市场以消费0.5千克/尾以上的大规格大口黑鲈为主，主要用于饭店的消费；而上海、西安等地以消费400～500克/尾的大口黑鲈为主，且以家庭消费为主。在饮食方面，广东偏爱清蒸大口黑鲈，江苏、浙江和北京偏爱做糖醋鱼和焖鱼。珠江三角洲地区的大口黑鲈商品鱼除了少量供应本地市场外（约10%），绝大部分销往北京、西安、郑州、上海水产品市场。近年来，江浙一带养殖大口黑鲈产量逐年增加，主要供应南京、杭州和上海的本地水产品市场，少量销往北京、西安等地。

四、均衡上市

大口黑鲈的收获遵循"捕大留小、轮捕轮放、适时上市"十二字方针。池养大口黑鲈放养密度较大，容易出现大小差异，应及时捕出达上市规格的商品鱼，减小养殖密度，促进小规格成鱼快速生长。一般高产大口黑鲈池塘全年宜轮捕4～5次，放养密度较小，可在养殖过程中，适当补充部分较大规格的大口黑鲈鱼种，如将几个鱼塘的小规格成鱼合并在一个鱼塘中。混养鱼类（特别是鲫）也可通过轮捕轮放的方式提高养殖产量。通过以上措施，既可提高全年成鱼产量，又可通过商品鱼均衡上市，降低养殖风险，有效提高经济效益。

大口黑鲈以肉味鲜美著称，相对于四大家鱼和鲫等大宗淡水鱼，市场价格较高。经过市场调整，2019年，市场价格基本趋于稳定，据广东何氏水产有限公司提供的数据显示（图5-6），4月价格开始上升，主要原因是存塘量少，大口黑鲈进入排卵期，增加养殖成本，此外禁渔期开始，消费者对养殖鱼类的需求增加。6月、7月、8月期间新老鱼交接，老鱼存塘不多，新鱼规格达不到上市标准，出现供不应求的情况。8月的价格达到全年的最高价，9月价格开始下降，主要原因是新鱼开始上市，存塘量增加。

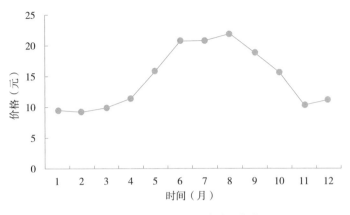

图 5-6　2019 年大口黑鲈塘口售价

第二节　大口黑鲈的加工

一、加工产品

目前，大口黑鲈商品鱼主要以鲜活鱼方式销售，少量以冰冻鲜鱼形式销售，现在有的企业已开发出大口黑鲈加工产品，例如速冻鲈鱼（图 5-7）、免浆鲈鱼片（图 5-8）和香鲈（图 5-9）等，销售面向国内生鲜超市、餐饮连锁企业及酒楼等，下面对主要加工产品进行概述。

（一）速冻鲈鱼（图 5-7）

加工过程为：原料鱼检测——→捞鱼——→清洗——→内包装消毒——→称重包装——→速冻——→金属探测——→外包材准备——→包装入库——→出货运输。

图 5-7　速冻鲈鱼

（二）免浆鲈鱼片（图 5-8）

加工过程为：原料鱼验收（索取有关供应三证，感官检查）——原料鱼储存（经验收合格的原辅料做好标识，分类存放）——捞鱼（原料鱼活力足、无畸形、无起包、无花身）——放血（放置于水槽中泡水去血）——去鳞去鳃去内脏（机器打鳞，人工去除鱼鳃、鱼肚、鱼肠）——废料处理（废料统一倒入带盖垃圾桶里，并统一按规定处理）——清洗（将去完鳞的鱼用清水冲洗干净，鱼肉无鱼鳞残留）——称重（按标准分框称重）——起片（切出鱼柳）——鱼柳称重（鱼柳按标准分框称重，称重计量准确无偏差）——制冰（用饮用水标准水源制冰）——碎冰清洗（加入碎冰清洗鱼片，清洗后倒入框内沥干水）——切小片（顺着鱼肉纹路将鱼切成片状，厚薄均匀）——原料配料（严格按照产品配方进行配料，食品添加剂使用必须符合国家标准要求）——腌制（搅拌腌制，腌制后产品应色泽均匀，并完全入味，上色，无异味异色）——内包装消毒（包装前，包装间和直接接触食品的包装材料，应利用紫外线杀菌灯进行杀菌）——称重包装（按标准称重，装入包装袋）——速冻（根据不同的产品要求，调整液氮的流量和速冻时间，产品摆放无堆叠）——金属探测（金属探测器的灵敏度必须符合国家标准）——外包材准备（将符合食品包装要求的外包材物料准备就绪）——包装入库（按客户要求装箱，合格后入库）——出货运输（装车时车辆需进行制冷）。

图 5-8 免浆鲈鱼片

广东何氏水产有限公司是集水产品养殖、研发、收购、暂养、加工、物流配送于一体的综合性企业。主营水产品有鲈、鳜、黄颡鱼、乌鳢、罗氏沼虾等多个品种，设有质量检测中心、分级筛选、循环水质处理、低温暂养、自动化包装生产车间、冻库、冰鲜加工车间、工厂化养殖车间等。该公司应用淡水鱼类加工技术，将基地生产的优质鲜活大口黑鲈开发成风味独特、营养丰富的免浆鲈鱼片和速冻大口黑鲈产品，极大地提高了大口黑鲈的附加值。

（三）臭鲈鱼

固城湖"帅丰香鲈"（图 5-9）是一款臭鲈鱼的加工产品，其主食材来自南京高淳区南京帅丰饲料有限公司等养殖基地生产的大口黑鲈。原料鱼是在科学生态养殖模式下所收获的鲜活大口黑鲈商品鱼，具有肉质紧实和肉味鲜美的特点。其加工过程为：活鱼宰杀，手工净膛，采用传承配方，古法人工腌制，木桶自然发酵 7天，真空包装，再加以泡沫箱冰袋发货，保证口感与品质。"帅丰香鲈"产品闻着臭，吃着香，入口滑，肉质紧实，细腻弹嫩，鲜香透骨。

图 5-9　臭鲈鱼产品

二、产品品牌经营实例

以平望顾扇渔业合作社为例阐述大口黑鲈养殖和产品营销为例。平望顾扇渔业合作社成立于 2005 年，是苏州市养殖规模最大的一家渔业合作社，主要从事水产品养殖和经销。该合作社按照"生产在家、服务在社、有统有分、统分结合"的原则进行生产销售，在经营上实现了 4 个统一。一是统一供种。合作社统一从广东引进优质的大口黑鲈鱼苗，不仅价格相对低廉，而且质量有保证，从而降低了养殖户的成本。二是统一进行技术指导。合作社聘请大专院校的专家，每年定期来合作社举办讲座，养殖户统一按无公害标准生产。三是统一供应饲料。养殖户只需自己解决池塘租金和电费就可以开展养殖，等到销售后再将饲料款归还给合作社，由此大幅度降低了养殖成本。四是统一销售。所有产品全部由村里成立的绿丰农业有限公司负责销售，统一销售价格，避免了因无序竞争而损害养殖户自身利益。该合作社养殖基地生产出来的大口黑鲈为无公害产品，注册的"绿丰牌"大口黑鲈成为苏州市名牌产品。2008年，"绿丰牌"大口黑鲈因品质优被北京奥运会选定为供奥水产品。

陈邑村是一个典型的江南渔业村，有鱼塘 4 000 余亩，80％的农户从事水产养殖。该村自 2001 年开始将农户的承包土地以入股的形式流转，由村统一规划、施工，开展老鱼塘改造，建成 4 000多亩的水产园区。改造鱼塘后，该村以名优鱼类大口黑鲈养殖为主，成立了陈邑大口黑鲈生产专业合作社，注册"陈邑"商标，率先开展大口黑鲈的产地编码、吊牌进超市销售，实现了产品质量可追溯。2011 年 9 月，被农业部认定为全国"一村一品"示范村。陈邑大口黑鲈生产专业合作社在经营上采取统一养殖品种、统一饲料供应、统一贷款申请、统一技术培训、统一防疫保健、统一品牌打造的"六统一"方式，使大口黑鲈养殖业成为当地现代农业的区域优势产业。

参 考 文 献

樊佳佳，白俊杰，李胜杰，等，2012. 大口黑鲈"优鲈1号"选育群体肌肉营养成分和品质评价 [J]. 中国水产科学，19（3）：423-429.

樊佳佳，白俊杰，叶星，等，2009. 中国养殖大口黑鲈的亚种分类地位探讨 [J]. 大连海洋大学学报（1）：83-86.

李胜杰，2008. 加州鲈养殖技术概述 [J]. 当代水产（9）：17.

明晶，2007. 加州鲈养殖技术及病害防治 [J]. 科学养鱼（1）：1-4.

钱国英，2000. 饲料中不同蛋白质、纤维素、脂肪水平对加州鲈鱼生长的影响 [J]. 动物营养学报（2）：48-52.

彩图1 大口黑鲈

彩图2 成熟大口黑鲈雌鱼腹部

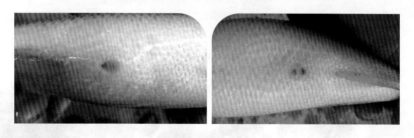

彩图3 成熟大口黑鲈雄鱼腹部

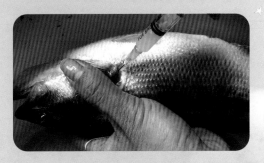

彩图 4　大口黑鲈人工催产

彩图 5　棕榈皮鱼巢

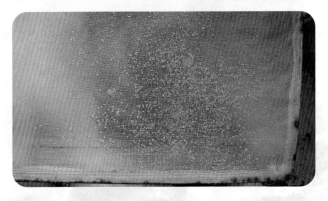

彩图 6　尼龙网鱼巢

彩图 7　孵化池

彩图 8　大口黑鲈鱼苗

彩图 9　鱼种分筛

彩图 10　大口黑鲈分级鱼筛

彩图 11　大口黑鲈池塘连片养殖区

彩图 12　鱼种放养前晒塘消毒

彩图 13　大口黑鲈网箱养殖（苏州）

彩图 14　大口黑鲈烂鳃
病症状

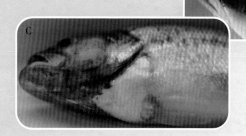

彩图 15　大口黑鲈败血症
症状

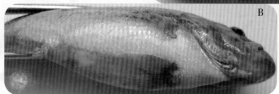

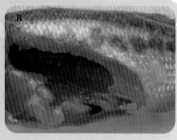

彩图 16　大口黑鲈肠炎病症状

彩图 17　大口黑鲈溃疡综合征症状

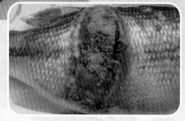

彩图 18　大口黑鲈诺卡氏菌病症状

彩图 19　大口黑鲈病毒性溃疡病症状

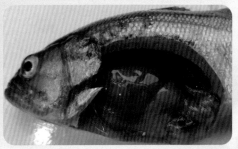

彩图 20　大口黑鲈脾肾坏死病症状

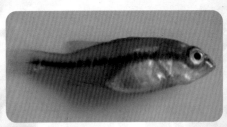

彩图 21　患弹状病毒病的大口黑鲈

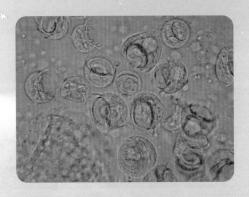

彩图 22　车轮虫

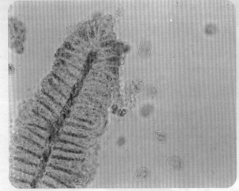

彩图 23　斜管虫

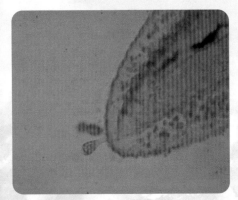

彩图 24　杯体虫

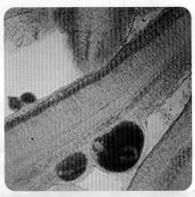

彩图 25　小瓜虫

彩图 26　佛山九江大口黑鲈池塘高效养殖模式

彩图 27　大口黑鲈养殖池塘开启增氧机

彩图 28　苏州地区大口黑鲈池塘养殖模式

彩图 29　湖泊中大口黑鲈网箱养殖模式

彩图 30　网箱构造和布设

彩图 31　大口黑鲈商品鱼长途运输汽车